设计
Design+

体感してわかるデザイン思考
エンジニアのための

IT 工程师的
设计思考

[日] 三谷庆一郎 / 植田顺 / 田岛瑞希 / 伊藤蓝子　著
木田和海 / 佐佐木严 / 益子惠 / 朝仓实纱

李司阳　译

U0306955

Value
赋予意义
确认团队的
使命感与价值观

Empathy
共感
实地考察用户需求,
实现共鸣

Define
定义
利用实地考察得到的
信息,确定待解决
的课题

Ideate
构思
构思课题的
解决方法

Prototype
试制
将解决方法
具象化、成品化

Test
试行
请用户体验试制品,
获取反馈,
以进一步改进

机械工业出版社
CHINA MACHINE PRESS

设计思考是一个从人的需求出发，发现问题、解决问题的思维过程。本书主要讲解了设计思考的基本流程及实战技巧，在介绍理论的同时注重实际操作，并加入了丰富的案例及经验总结，旨在让读者粗略阅读过后，即可应用到实际项目中，开始设计思考。

本书适合从未接触过设计思考、对设计思考的理念仍然抱有疑问以及无法灵活运用设计思考的IT行业的从业人员及相关专业的高校师生。

北京市版权局著作权合同登记 图字：01-2019-4114号。

图书在版编目（CIP）数据

IT工程师的设计思考书 /（日）三谷庆一郎等著；李司阳译. — 北京：机械工业出版社，2020.6
ISBN 978-7-111-65559-6

Ⅰ.①I… Ⅱ.①三… ②李… Ⅲ.①设计学 Ⅳ.①TB21

中国版本图书馆CIP数据核字（2020）第076615号

机械工业出版社（北京市百万庄大街22号 邮政编码100037）
策划编辑：徐 强 责任编辑：徐 强 王 芳
责任校对：卢慧兰 封面设计：张 静
责任印制：孙 炜
中教科（保定）印刷股份有限公司印刷

2020年7月第1版第1次印刷
170mm×230mm·10.25印张·116千字
标准书号：ISBN 978-7-111-65559-6
定价：59.00元

电话服务 网络服务
客服电话：010-88361066 机 工 官 网：www.cmpbook.com
010-88379833 机 工 官 博：weibo.com/cmp1952
010-68326294 金 书 网：www.golden-book.com
封底无防伪标均为盗版 机工教育服务网：www.cmpedu.com

本书改编自《日经SYSTEMS》2017年4月—2017年9月连载的
《感知、理解设计思考》，以及2017年10月—2018年3月连载的
《设计思考诀窍》。

前　言
Preface

　　"设计思考"的时代到来了。

　　何谓设计思考？即发现问题并且开发新服务去解决问题的思维过程。我们认为，信息技术（Information Technology，IT）工程师在进行系统开发时，应当积极而灵活地运用设计思考。

　　之所以这么说，是因为 IT 工程师今后接触数字业务的机会必将急速增加。数字业务利用信息技术开发新服务与新业务。近年来以爱彼迎（Airbnb）、优步（Uber）为代表的共享经济服务逐渐普及，提供金融服务的金融科技（FinTech）等也颇有人气，它们都属于数字业务。事实上，人工智能（Artificial Intelligence，AI）、物联网（Internet of Things，IoT）、大数据，以及虚拟现实（Virtual Reality，VR）、增强现实（Augmented Reality，AR）等技术，正逐渐催生出各式各样的新型服务。

　　这些新型服务，同以往 IT 工程师所从事的、企业内部的业务系统是完全不同的。简单来说，在开发的起始阶段，是没有需求规范说明的。如果从用户那里拿到空白的需求建议书（Request for Proposal，RFP），你会怎么做呢？

　　传统的系统开发中，只要询问公司内部员工，就可以大概了解他们的需求，在一定程度上掌握业务系统的开发方向。甚至有的时候，可以直接在基础业务系统，如企业资源计划（Enterprise Resource Planning，ERP）的基础上进行适合及差距（Fit&Gap）分析，很快就可以大功告成。然而，现在却不行了。没有一个人能够指出全新的、优质的服务到底是什么，具体需要怎么做，公司里也没有负责这个的部门。

即使直接去问用户需要什么样的服务，得到的往往也只是一个尴尬的笑。所以，开发数字业务时，以往上游流程的工作经验几乎起不到任何作用。此时，引入"设计思考"的意义就凸显出来了。

数字业务的急速发展，有以下两个背景：

一是市场日臻成熟。用户不再为物美价廉买单，他们需要的是紧密贴合自身需求的全新商品，或者是能够带来别致体验的崭新服务。这种需求极大地推进了数字业务的发展。

二是技术发展呈现出指数级的进展，使得 IT 逐渐商品化（日用品化）。召集专业技术人士、进行大额投资才能利用 IT 的时代已经一去不返。当今任何人都能够以低廉的价格、随时随地利用各种信息技术产物，手机等移动设备及云服务就是最突出的例子。IT 变成了人人都能够利用的服务创造工具。因此，以小型创业企业为首，全世界范围内掀起了创造和推广数字业务的风潮。

仔细想想，这可能会成为 IT 工程师的噩梦。一直以来，开发专业、物美价廉的系统的方法——"怎样创造"（How to make）都令工程师们引以为傲，但是它却因数字业务的兴起出现了贬值现象。为了改变这种局面，IT 工程师有必要学习设计思考，去深入挖掘"为何进行创造"（Why to make）以及"创造什么"（What to make）的价值。

本书主要面向从未接触过设计思考的 IT 工程师，旨在提供入门级的知识与帮助；也强烈推荐给对设计思考抱有兴趣，接触过一些相关知识却仍然抱有疑问，或是理解设计思考的理念却不知道如何灵活运用的IT 工程师朋友。

第 1 章"设计思考入门"主要介绍设计思考的一般流程，具体有以下 6 个阶段：

（1）赋予意义（Value）阶段　重新审视、确认所属团队的使命感与价值观。

（2）共感（Empathy）阶段　实地考察用户需求，实现对问题的共感。

（3）定义（Define）阶段　基于问题，确认开发课题。

（4）构思（Ideate）阶段　针对已确定的课题，开始具体构思。

（5）试制（Prototype）阶段　将构思成果具体化、可视化。

（6）试行（Test）阶段　将试制成品提供给目标用户试用，获取反馈意见，并依此进行改进。

撰写的过程中，我们加入了设计思考案例，说明具体、易于理解。设计思考说到底只是一个思维过程，比起死记硬背，想象自己真正参与设计项目时应该怎么做（也就是虚拟演练），或许会起到更好的效果。书中涉及的各类工作表，我们也尽量填充了模拟案例进行说明。

本书的编写理念是使读者粗略阅读过后，即可将所学应用到实际项目中，利用书中的工作表进行设计思考。

第 2 章"实际应用技巧"指出了运用设计思考的项目过程中经常遇到的问题，以及解决这些问题的具体技巧。

想要顺利开发新项目，单单了解设计思考的基本流程是不够的。因为实际操作中会遇到各种小问题，比如实地收集的信息量不够，不知道怎样将同事甚至领导邀请进项目组等，但是这些小问题足以影响整个项目的进程。我们总结了通过实际摸索而积攒起来的经验，并将其写入本书中，希望可以为大家提供参考。

深切希望能有更多的 IT 工程师掌握设计思考，并充分发挥学习成果，为企业、为社会创造出全新的服务。

那么，开始设计思考吧！

三谷庆一郎

谨代表全体作者

2018 年 7 月

目　录
Contents

第1章
设计思考入门

1.1 为何当今需要设计思考

抓住消费者潜在需求，打造全新体验的利器

"所有产业都会迈向数字化，软件将逐步占领全世界。"这是美国网景通信（Netscape Communications）的合伙创始人马克·安德森（Marc Andreessen）于 2012 年提出的观点。而这句话，最近已然变成了现实。

比如，Airbnb、Uber 等被称为"共享经济"的服务在全世界范围内发展起来，搭载 AI 的无人驾驶汽车也得到了广泛关注。面对这样的情况，人们有期待也有不安。另外，口袋精灵 GO（Pokémon GO）是一款利用 AR 技术的游戏，它一经问世，公园等地方就变得人满为患，原来大家都在"捕捉精灵"。FinTech 可以利用 IT 实现金融服务，成为金融业界的热门话题。还有，用到机器人和无人机的各种业务也逐渐升温，受到瞩目。

这些应用了 IT 技术的业务统称为"数字业务"，正是"软件将逐步占领全世界"的有力佐证（见图 1–1）。

图 1-1 数字业务带来的新体验

1. 数字业务是 IT 工程师的机遇

数字业务迅速发展的背景有两个：一是消费者需求的变化，二是计算机技术的发展。

消费者需求的变化

首先是消费者的需求急剧多样化。消费者已经不会仅因物美价廉等客观因素购入商品，他们越来越看重主观满足度及有趣程度等。

其次是"商品"到"体验"的变化基调。现在的消费者不光为商品消费，他们还愿意为获得的体验买单。

当我们观察一些高人气的数字业务时，也可以发现，全新体验很能吸引人的眼球。比如说 Airbnb，它不仅仅提供房屋短期租借的中介服务，更是一个向未知世界、未知场所进行探索的平台。

计算机技术的发展

计算机技术的发展带来了 IT 的商品化。一个擅长处理软件的 IT 工程师，不需要大量的资本投入，就可以利用公共云服务创建数字业务。

像这样，消费者需求多样化，追求全新体验，而计算机资源和软件可以为他们创造出相应的廉价服务。对于 IT 工程师来说，这无疑是一个充满机遇的世界。

2. 以往的开发方法已经失效

我相信，不论怎样宣传"一起来尝试数字业务吧"，都会有很多 IT 工程师质疑说"哪儿有那么容易"。确实，即便拥有软件开发的技术，立即上手做数字业务也是非常困难的。

为什么会有这样的困难呢？是因为以往的信息系统开发与数字业务是完全不同的东西。这样巨大的特征差异，使得传统业务中积累的方法难以运用到数字业务上。

我们可以通过目的、需求起点、要求规范说明、上游流程几个方面的比较，来明晰这些特征差异（见图 1-2）。

比如，以往信息系统开发的目的是对现存业务的便捷化处理；而需求起点就是公司内的业务部门；具体要求也能够在起步阶段得到一定程度的了解，因为我们的目的只是解决现存业务的问题和不足之处；而上游流程则是进一步细化用户要求、落实各项功能。

但是，数字业务的目的是创造新服务、为用户提供新体验；需求起点也并非公司内部，而是用户（终端用户）。如果你是企业 IT 部门的员工，那么这里的用户指的是公司业务部门的目标用户；如果你是受了其他公司的委托而进行系统开发，那么这里的用户则指委托公司的目标用户。

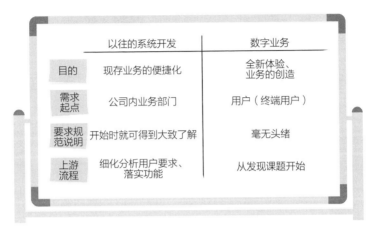

图1-2 以往的系统开发与数字业务的比较

并且，要求规范说明也是一片空白，属于没有需求建议书的情况；所以，数字业务的上游流程必须从挖掘用户的实际需求开始做起。也就是说，并不是受他人委托开发相应的系统，而是要自己从零开始创造新的体验与服务。

3. 发现课题的新型构思方法

在这种没有需求建议书却要创造新体验的情况下，最有效的方法就是"设计思考"。

设计思考，就是设计师创造产品与体验的过程的泛化（见图1-3）。设计师经常会创造出全新的产品与服务。这并不是偶然，它的前提是设计师充分挖掘了用户的生活方式与感到困扰的问题。

图 1-3　设计思考是什么

　　所以设计思考中"设计"的对象不局限于具象的产品，还包括服务、业务、经营战略、社会政策等在内的其他领域。而设计信息系统，也绝不仅仅是设计用户接口。

　　诺贝尔经济学奖获得者、近代经营学先驱赫伯特·西蒙（Herbert A.Simon）曾说过：提出新方法以推动现状向良好方向发展的人，都可称作设计师。也就是说，"设计思考"可以理解为"发现、解决现实问题的思维过程"。它的思维起点是"发现课题"，这和解决问题型的逻辑思考有着天壤之别。

4. 设计思维的三个要素

　　设计思考能够创造出全新体验，主要归功于三个要素（见图 1-4）：①实地考察，发现用户内在需求；②进行多角度观察分析；③积极试错，不断修正。我们来逐一介绍。

图 1-4 数字业务开发的必备三要素

实地深入考察，发现用户内在需求

通过实地考察、发现用户内在需求，我们可以了解到用户的实际需求。

数字业务的目的是提供新体验、新服务，进行开发时最重要的就是抓住用户的实际需求。平时看到很多沉迷于技术钻研的 IT 工程师以技术为中心考虑服务，虽然我们并不否认技术的重要性，但是过于关注技术的话，就很可能与用户的真实需求发生背离。因此，还是应该以用户需求作为起点。

但是随着用户多样化的趋势不断增强，抓住用户需求变成一件很难的事情。单单做问卷调查、在网上查阅资料的话，基本上达不到目的。

其实人很难意识到自己的真正需求，往往是实际体验后才能知道，原来这就是自己想要的东西。而且即便意识到了自己的需要，也只有一小部分人能够将其明确表达出来。所以说，向用户询问"您的需求是什么呢"，恐怕并不能得到理想的答案。

大家听说过信息的黏着性吗？这是美国麻省理工学院教授埃里克·冯·希普尔（Eric von Hippel）提出的概念，意思是信息移动的成本。用户潜在需求的信息在形式化以前，被称为隐性信息；而对用户做问卷调查或网络检索都是信息移动的低成本方式，是难以得到这种信息的。

设计思考为获取这种黏着性较高的信息提供了思路，即深入实地进行考察。通过实地考察与用户产生共感，这将成为发现课题的关键。

当我们将这个方法说给有资历的 IT 工程师听时，他们觉得"这不是理所当然的么"。然而 IT 工作的现状是，完全没有深入现场观察与用户产生共感的时间。所以设计思考是有很大价值的。

多角度分析令创意充满活力

通过多角度观察分析，可以得到更多灵感，以打造全新的体验和服务。

当今社会环境日臻成熟，用户们的需求也变得复杂化、多样化。想要满足这些需求，就必须在设计新体验、新服务的时候导入多元视角，进行多角度探讨。而设计思考推崇的也是召集拥有不同价值观的伙伴，以进行思维碰撞。

并且，设计思考的工作往往以"研讨会"的形式进行。研讨会的特征是需要设一个"推动者"。推动者主要负责活跃谈话气氛、改善会场整体氛围，以便得到更多创意。

IT 工程师参加各类会议的频率其实很高，也许有人会想"平时不是交流得很多么，研讨会也没有什么特别的吧"。但是，出席平时会议的成员往往都是由自家公司或合作伙伴的员工组成的固定班底，大家早就相看生厌了，往往也拿不出什么新颖的创意。

想想那些无聊的会议。永远都是几副老面孔，被长时间束缚在会议室；也没有推动者，一直都是上司问"大家有什么意见么"；而你如果真的提出了不太得体的言论，恐怕还要被训。所以这种环境下是不可能得到什么新提案的。而引入设计思考的机制，则可以搭建具有开放性且可容纳多角度看法的会议环境。

通过试错完善提案

通过积极试错、不断修正，可以完善提案，使其能够更加有效地解决用户的问题。

以往的信息系统开发过程中，一般都会在较早的阶段确定需求规格及设计草案。因为惯用的瀑布式开发，必须要先确定这两项内容才能继续向下进行。

但是，想要创造全新的体验和服务，这种单一方向的瀑布式开发方式就不再适用了。因为在项目初期，根本就没有人了解什么才是优秀的体验与服务。我们不需要在一开始就确定需求规格与设计草案，而是要先找到课题，再以此为基础，在不断试错中摸索进步、不断完善。

设计思考要求工程师用最短的时间将创意可视化，并将其提供给用户。再从用户那里寻求反馈，并根据具体意见进行修正。

很多美国企业经营者不断打造出全新的体验和服务，他们也肯定了快速并且反复进行试错修正的重要性。例如，美国谷歌公司前首席执行官（2011 年离任）埃里克·施密特（Eric Schmidt）说：我们的目标是成为世界上单位时间内试错最多的公司。美国亚马逊的首席执行官杰夫·贝佐斯（Jeff Bezos）也说：必须在单位时间内尽量多地进行试验改进。

另外，设计思考中还包含"快速而粗糙"（Quick and dirty）的思想，即提高试错修正速度的优先级，降低成品质量的优先级。

以往的系统开发往往要求原型系统要比后续商品化的系统质量更高，并将其作为企业品质的象征。受此影响，IT 工程师也过分注重质量，造成需求完全明晰、定好流程后才开始进行的局面。

然而，想创造全新的体验和服务，就必须要转变思想。质量再高，满足不了用户需求的话也就毫无意义。如果能够掌握设计思考的理念，IT 工程师就能够从品质这个"诅咒"中解脱出来。

当你难以接受快速而粗糙的思想时，不妨想想敏捷开发。敏捷开发被越来越广泛地应用于企业信息系统建设中，它将设计和实现细化，采取迭代开发模式。这样的话，即便成品没能达到客户的预期，也可以通过最小范围的改动达到理想效果。它是一种允许试错修正的开发方法。

我们只要将设计思考中确定课题、构思创意的阶段想象成敏捷开发就可以了，要不断打磨、不断改良，促进想法逐渐成形。

5. 设计思考的六个阶段

设计思考有助于创造新体验、新服务。以上我们列举了它的主要特征。接下来，将为大家介绍设计思考的流程。

其实设计思考也分很多流派。关于其阶段划分，最有影响力的说法之一应该是美国斯坦福大学设计学院（D.School）提出的，即"共感"（Empathy）、"定义"（Define）、"构思"（Ideate）、"试制"（Prototype）和"试行"（Test）五个阶段。

我们的团队在此基础上，加入了"赋予意义"（Value）这一阶段（见图 1-5）。赋予意义是用来重新审视所属团队使命感与价值观的阶段。在此阶段，明确想要实现的理想，该理想由团队的全体成员共有。

特意追加这个阶段，是因为日本国内企业几乎不会专门制造机会去确认使命感与价值观。既然是创造全新的体验和服务，当然要从企业的使命感与价值观出发去构思。但是，很多创新团队的成员根本就意识不到这一点。如果认识不到企业的存在意义，那么理所当然，是构思不出企业应该提供的服务的。换句话说，构思的服务不符合企业形象。

之后的共感阶段，则需要深入实地考察，感受用户所处的环境。通过现场观察，得出用户所处的环境中会发生什么样的状况、用户的感受是怎样的、产生了哪些问题等想法，并与团队成员共享。

定义是确定终端用户真实需要亟待解决课题的阶段。这个阶段需要用到之前共感阶段收集的信息。

接下来的构思阶段，工作是具体的服务创造。针对定义阶段提出的课题，团队成员共同探讨解决方向，并提出具体方法。

试制则是根据构思制作原型的阶段。我们将创意具象化，使其看得见、摸得着。

最后的试行阶段中，我们需要将原型提供给目标用户，以获取反馈。

为了便于大家理解这六个阶段，我们采用 IT 工程师熟知的"输入 – 处理 – 输出"（Input–Process–Output，IPO）模型进行说明。赋予意义和

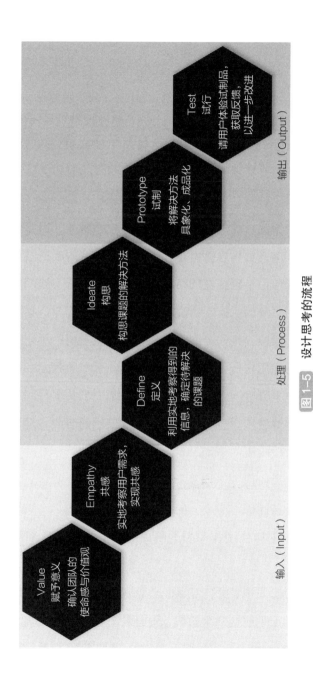

图1-5 设计思考的流程

注：在美国斯坦福大学提出的五个阶段的基础之上，加入了赋予意义阶段。

共感，就相当于收集必要信息的输入阶段。接下来的定义和构思对应探讨具体内容的处理阶段。而最后的试制和试行则可以理解为成品的输出阶段。

以上大致介绍了设计思考的流程，但实际操作过程中，不一定非要严格按照顺序进行。设计思考同一般 IT 服务公司的开发标准不同，它没有明确规定操作顺序和每一步的具体内容。要根据实际情况，适当跳过或者重复某些步骤，灵活进行。我们可以将它理解为创造性工作的基本指导方案，并非一成不变，是可以自由调整的。

6. 单纯的系统开发将失去价值

我们在开头提到，当今新服务层出不穷，IT 技术已经进入商品化阶段。换种说法就是，现在谁都可以轻易地操作软件。这对 IT 工程师来说无疑是一个巨大的冲击，因为市场对他们的要求发生了翻天覆地的变化。

IT 工程师以往提供的主要价值是编程和开发系统的技术，也就是"怎样创造"（How to make）。但是，现在是任何人都可以操控软件的时代，怎样创造已经失去了以前的稀有价值。

当然，一些特殊情况下，比如在构建大型系统时，怎样创造依然具有独特的价值，这一点今后也不会发生改变。可是，我们不能否认，它的价值就是在不断降低。

今后"为何进行创造"（Why to make）和"创造什么"（What to make）的价值将会与日俱增（见图1-6）。这两种价值要求从零开始发现用户需求，去创造与企业理想相匹配的全新体验与服务。而设计思考，将帮助 IT 工程师实现这两种全新的价值。

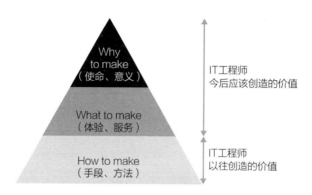

图 1-6　今后需要创造全新的价值

7. 设计思考与 IT 工程师的技能十分匹配

我在 2009 年曾经研究过设计思考在系统开发方面的实用性，并进行了实际操作。根据当时的经验来看，虽然起步阶段比较困难，IT 工程师们往往会有很多不明白的地方，但后期大家就都能够熟练使用及操作了。其实，灵活运用设计思考所需的能力，大多正是 IT 工程师们擅长的。

比如说构思阶段，它需要有将事例抽象化和俯瞰全貌的能力。而 IT 工程师们往往都具有很高水平的抽象思维。也正是因此，主营数字业务的创业企业的骨干人才往往都是 IT 工程师出身。所以，活用设计思考对 IT 工程师来说，其实并不是遥不可及的事情。

但要主动去感知设计思考。想要理解设计思考，最重要的就是亲自动手、动脑，通过实践去积累经验。我可以保证，这将给你带来异常惊喜的体验。

本章将导入 IT 工程师开发数字业务服务系统时的虚拟案例，以详细讲解六个阶段的具体操作方法。内容很实用，可以直接借鉴。

总　结

1）随着信息技术产物的商品化进程不断推进，人们能够以越来越低廉的价格创造数字业务，感受新体验。

2）设计思考包含三个必备要素，用以打造全新的服务和体验。

3）IT 工程师以往追求的能力——怎样创造，今后将逐渐贬值。

1.2 赋予意义、共感

实地考察，体会用户的真实想法

下面将详细介绍设计思考六个阶段中的赋予意义和共感。赋予意义是确认所属团队使命感与价值观的阶段。共感是深入实地考察、感用户所感的阶段。这两个阶段是创造新服务、新体验的前期准备过程。

赋予意义　共有理想

赋予意义阶段的目的，是让团队成员有共同的理想（见图 1-7）。通过共有一个理想，团队成员可以真正理解今后推进项目、创造新服务及新体验的意义。

创造新服务、新体验，就好像在探险。它不像传统建设业务系统，可以严格按照确认需求、设计、实现的顺序进行，有一条已知的路线。它无例可依，完全看不到前方的路。可即使看不到前方的路，也必须前行，原地打转是创造不出全新的体验与服务的。

图 1-7　赋予意义阶段的目的

当看不清前路的时候，应该去回忆公司的使命感与价值观，以决定前进的方向。但实际情况是，日本国内很多企业都没有给员工足够多的机会去讨论公司的使命感与价值观，更谈不上共有同一个理想了。即便确定了企业的使命，也往往因为内容不够具体而产生歧义，结果员工还是没能共有相同的价值观。

在未能共有使命感与价值观的情况下，新体验、新服务的项目就会推进得极不顺畅，因为团队成员会在各个环节出现分歧、产生对立。比如说，想提供的服务与体验、遇到困难时的解决方法等不同。

因此，必须首先明确项目的价值所在，所有成员达成统一的认识。也就是说，要确立一个判定标准，一个出现问题时可以作为依据的"原点"。

1. 回顾以往工作，发掘理想

在赋予意义的阶段中，需要以团队为单位思考接下来想要完成的项目，形成理想，并在团队内达成共识。本阶段具体有三项任务：①确认提供价值；②探讨理想；③共有理想（见图1-8）。

（1）确认提供价值　在这项任务中，全体成员需要一起回顾公司或所属团队以往的工作，并以此确认公司或所属团队的使命，以及曾为用户提供的价值。

（2）探讨理想　在这项任务中，要根据"确认提供价值"任务得到的结论，分析今后想要为社会带来什么样的影响，并汇总为具体的理想和目标。

（3）共有理想　在这项任务中，从汇总而成的多个理想和目标中选定一个作为团队理想，由全体成员共有。

进行以上三项任务时，最重要的就是花上足够多时间去确认每位成员是否从心底认同，是否真的想要实现这个理想。不太认同和勉强接受的成员，恐怕不能在共感及之后的阶段中积极投入工作，他们很可能完全想不出新创意。如果此类成员比较多时，是不可能产生有革新意义的服务与体验的。

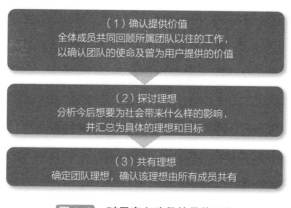

（1）确认提供价值
全体成员共同回顾所属团队以往的工作，
以确认团队的使命及曾为用户提供的价值

（2）探讨理想
分析今后想要为社会带来什么样的影响，
并汇总为具体的理想和目标

（3）共有理想
确定团队理想，确认该理想由所有成员共有

图1-8　赋予意义阶段的具体任务

2. 回顾过去，立足现在，展望未来

进行赋予意义阶段的三项任务时，我的团队经常利用"为什么做"工作坊（WhyToMake Workshop）的方法。该工作坊就是团队所有成员齐聚一室，共同探讨新体验、新服务的意义。它由回顾过去、立足现在、展望未来三个步骤组成，也就是先确认过去与现在自己都做过些什么，再据此思考未来的理想。做一遍"为什么做"工作坊的流程，也就基本完成了赋予意义这一阶段的任务。

每个步骤都有很多实操方法可供利用。这里我们详细介绍一下回顾过去时常用到的方法——"历史记录"。在历史记录中，我们可以通过回顾以往的工作，去感知和发现公司内在的价值观。

历史记录的制作方法如下（见图 1-9）：

1）准备好便签，将自己能想到的实际参加过的活动全部写上去。简单将活动时间、相关项目名称、具体活动内容呈现出来即可。范例如下：2004 年，项目名称为开设线上预约网站，具体活动内容为制作网站、确认版面。

这里需要注意的是，记入的内容一定要是自己实际参与过的活动。与自己没有直接关系的项目，以及同时期业界的大事件都没有记录的必要。因为记录的目的是回顾自己参与过的工作，确认自己想要为用户带来的价值。通过把握这些信息，进一步确认整个团队未来的目标与理想。

2）每位成员都记入一些活动之后，就要按时间顺序整理这些便签了。比如可以按 1990、2000、2010 设定时间节点，将便签按年代贴到道林纸（胶版印刷纸）上。

3）按时间顺序整理好便签后，就可以划分活动了。团队成员一起

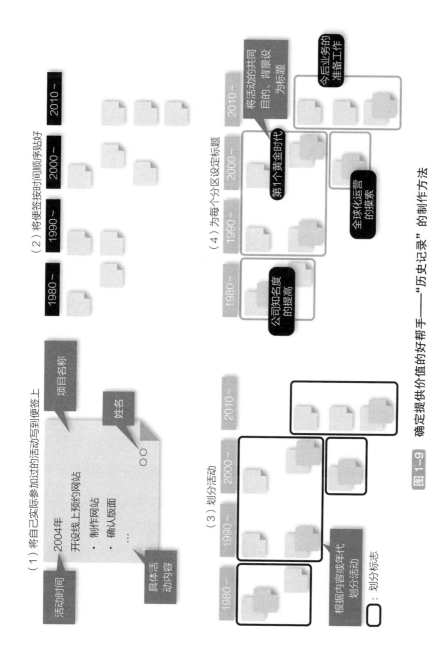

图 1-9　确定提供价值的好帮手——"历史记录"的制作方法

分析便签内容，根据内容或年代找到意义相近的活动以及发生变化的节点，并在节点处进行划分。

4）为每个分区设定标题。这一步是为了更好地把握活动的发展趋势和具体内容，因此我们可以将活动共同的目的、背景设为标题。比如公司知名度的提高、全球化运营的摸索、今后业务的准备工作等。将目的、背景设为标题，有助于后续发现本公司一直以来为社会提供的价值。给每类活动区都贴上标题后，就大功告成了。

历史记录完成后，我们就要仔细分析每类活动区的内容，进一步寻找它们的共通之处。通过分析，我们可以发现以往活动的目的、为用户提供了哪些价值等。以此为基础，定义团队最为重视的价值，并将其简单记述为"一句话说明"（Statement）。

我们按上述步骤回顾过去，形成了历史记录与一句话说明，也确认且共有了团队一直以来的价值观。接下来的立足现在中，则需要参考一句话说明，准确定位出感到自豪、可继续发扬的部分及稍感不足、可作为课题的部分。而最后的展望未来中，则要根据前两步得到的结论去思考未来的目标，并且设想其实现后的样子，用画或短剧的形式呈现出来。

确认、共有团队成员所有人的想法后，即可进一步确定团队的理想。带着这个团队理想，一起向共感阶段进发吧！

共感　实地观察、理解用户

共感阶段的目的是理解用户的想法，实现共感（见图 1-10）。前往用户所处的环境，置身其中。这样的实地观察，可以帮助我们获得第一手体验与感受。

共感的目的 ＝ 理解用户的想法，实现共感

原来是不知道怎么操作

IT工程师

图 1-10　共感的目的

以往的系统开发中，困扰用户的问题或者课题往往较为明确。只要直接询问用户，就能了解到具体问题，一些好的 IT 工程师还可以根据经验推测出问题的原因所在。

但是，在创造新服务、新体验时，情况就完全不一样了。必须由 IT 工程师亲自去发现问题，这些问题往往是用户自身意识不到或者意识到却无法正确表达出来的。所以，一定要去到实地进行观察，切身体会用户的真正需要。

通过实地观察加深了对用户的理解后，就应该可以实现与用户价值观及问题意识的共感，注意到用户真正感到困扰的问题，也就能够得到创造新服务的灵感。

1. 选定有代表性的对象进行观察

共感阶段也有三项主要任务：①选定观察对象；②实地观察；③整理结果（见图 1-11）。

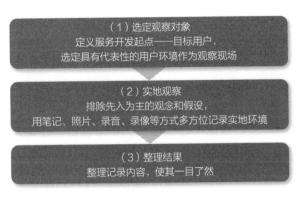

（1）选定观察对象
定义服务开发起点——目标用户，
选定具有代表性的用户环境作为观察现场

（2）实地观察
排除先入为主的观念和假设，
用笔记、照片、录音、录像等方式多方位记录实地环境

（3）整理结果
整理记录内容，使其一目了然

图 1-11　共感阶段的任务

（1）选定观察对象　选定观察对象是确定服务开发起点——用户环境的重要一环。首先，根据赋予意义阶段得出的团队理想选定服务对象，将其所处的环境定义为"用户环境"。其次，选定实地观察地点。一般来说，新服务目标用户所在的环境，都可以作为观察地点。但是，选定具有代表性的用户环境，才更容易发现用户的困扰及需求。比如，选定频繁利用某一服务的用户或完全不会利用这一服务的用户所在的环境，这些用户往往会对服务有更加清晰的目的意识与问题意识，这样我们就能够通过较少次数的实地观察与采访，获得更多的有效信息。

（2）实地观察　实地观察也就是观察用户环境。这个过程可以叫作"民族志"（Ethnography），它本来是文化人类学的专业术语，指采用观察、采访等方式了解特定民族生活方式的定性调查方法。

在实地观察中，与用户共同感受周边环境，了解他们的想法。可采用记笔记、拍照、录音、录像等方式，多方位记录用户现场环境。

推荐两人一组进行记录工作。分工合作，一个人负责手写笔记，另一个人负责摄影。负责笔记的一方，除记录用户相关信息外，还要将实地发生的其他细节尽量完整地记录下来；同样，负责摄影的人也要将整个环境都拍摄下来。

实地观察有两个要点：

一是抛弃所有先入为主的观念和假设，进行客观观察。擅长解决问题的 IT 工程师可能会倾向于设立假设，可是在设计思考中，这样只会影响进程，因为 IT 工程师的注意力会被局限在片面的范围内，从而遗漏掉别的重要信息。那么怎样才能排除假设进行观察呢？我推荐大家全方位、无遗漏、仔细地记笔记，仔细拍摄。认真进行记录的情况下，其实是没有时间提出假设的，这样就能够客观看问题了。

二是保持对问题的兴趣。虽说要排除先入为主的观念，但也不能丢掉对问题的兴趣，否则就无法捕捉到问题的关键。很多情况下，用户的微表情或不经意的动作，都会带来有效的启发。想要掌握这些细节的话，就必须保有孩子一样旺盛的好奇心。

2. 询问用户何时拥有成就感，挖掘其潜在想法

在以上观察的基础上，我们还要对用户进行采访。采访的目的是为了把握用户的想法与价值观。因此比起用户的回答本身，要更加注重用户回答背后的想法，并且尽量引导用户说出那些难以表达的真实心理。此类询问潜在想法的采访方法被称作"深度采访"。它看起来和 IT 工作中询问用户要求的环节——"倾听"有相似之处，但实际上完全不同，它的重点是引导用户发现自己的真实想法，并且表达出来。

深度采访和实地观察一样，也推荐两人一组配合工作。一个人主要负责采访，另一个人负责记录。

采访者设计的问题，要尽量能够引出用户的价值观。比如：在这里你什么时候会充满成就感呢？从用户的回答中，我们就能比较容易地获得其对所在环境的看法。还可以补充问：为什么这个时候会拥有成就感呢？而用户接下来叙述的理由，就会很大程度地反映出他们的价值观。

3. 从五个维度整理结果，对观察现场进行"素描"

实地观察和采访结束之后，进入到整理结果的阶段。这个阶段需要将记录下来的内容整理得简单明了。

在归纳整理实地观察的结果时，"AIUEO"表格是个非常有效的方法。AIUEO 表格以美国德勤咨询（Deloitte Consulting）公司提出的整理方法为基础，旨在将实地观察结果"无重复、无遗漏"（Mutually Exclusive Collectively Exhaustive，MECE，也称"相互独立，完全穷尽"）地整理出来。AIUEO 这个名字取自行动（Activities）、相互作用（Interactions）、人（Users）、环境（Environments）、物（Objects）的首字母。

制作 AIUEO 表格的步骤如图 1–12 所示。首先，在实地观察时要将所有细节全部拍摄、记录下来。其次，将笔记与照片按五个维度进行分类。

行动的意思是为达成目标采取的一系列行动，即为了达成目标，人们都进行了什么活动，顺序是什么。对掌握和理解行动有帮助的笔记、照片，都可以分类到"行动"中；同理，描述人与人、人与物之间关系的内容就归到"相互作用"；能够反映用户情况的就归到"人"；而与现场整体氛围相关的内容就可以划分至"环境"；描述现场事物的记录则整理到"物"中。

最后，再将分类好的笔记、照片张贴出来。准备好道林纸，划分五

（1）忠实、全面地记录（笔记与拍摄）所见、所闻

（2）将笔记与照片按五个维度进行分类

维度	含义
Activities（行动）	为达成目标采取的一系列行动。为了达成目标，人们都进行了什么活动，顺序是什么
Interactions（相互作用）	人与人、人与物之间有什么样的相互作用关系
Users（人）	是什么样的人；工作内容和人际交往往有什么样特征；有什么样的价值观和想法
Environments（环境）	支撑一系列活动展开的背景环境；现场的整体气氛与效率如何
Objects（物）	实地有什么样的"物"与装置，与人的活动有什么样的关系；该怎样利用这些"物"

这笔记可以归到Users（人）吧

IT工程师

拿出了手机

笔记

现场

（3）将整理好的笔记、照片张贴出来

Users（人）
Activities（行动）
Objects（物）
Environments（环境）
Interactions（相互作用）

照片
笔记、插图
现场的全貌、照片
将反映现场全貌的插图、照片贴在中间

图1-12 AIUEO表格的制作方法

026

种维度各自的专用区域，分别贴好。记得将中间部分留给描述现场全貌的照片。在全貌的基础上确认细节，比较容易有更多的收获。如果没有能够反映全貌的照片，用简笔画代替也是可以的。

把笔记和照片都贴好后，整体观察一下 AIUEO 表格，检验它是否完全还原出实地观察时的感受。

如果觉得有不足之处，就在相应的地方添加补充说明，直到它能够体现出全部成员的感受为止。这样得出的成果，就是下一阶段——定义阶段的基础。

> 总 结
>
> 1）创造新服务与新体验之前，团队成员要先共有理想。
>
> 2）为了共有理想，团队成员可以对以往的活动进行回顾，确认之前提供的价值。
>
> 3）企划服务和体验之前，进行实地考察、理解用户的想法与价值观十分重要。

1.3 定义

根据理想确定课题，明确用户特征

下面将解说设计思考六阶段中的定义。本阶段需要整理赋予意义与共感阶段中得到的信息，以确定课题。

定义　确定课题

定义阶段的目的就是确定课题，以实现理想（见图1-13）。凭借共感阶段实地考察与深入采访的成果，发现困扰用户的真正问题。在此基础上，团队成员共同思考，确定未来的课题。这个课题，将成为构思阶段的基础。

IT工程师在共感阶段了解到用户的想法与价值观后，往往急于运用IT技术，想立刻创造出新的服务与体验。但是，你对用户的理解，不一定与其他成员的想法相同。

在定义阶段，团队成员通过讨论用户感到困扰的问题、要为哪些群体提供服务，以统一意见、达成一致。

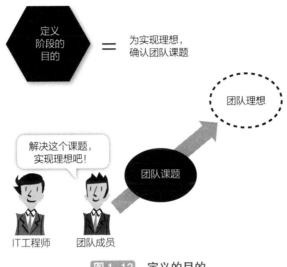

图 1-13　定义的目的

1. 定义阶段的任务

定义阶段包含四项任务：①发现真正的问题；②磨合理想与问题；③确定课题；④明确代表性用户（见图 1-14）。

（1）发现真正的问题　需要梳理和分析共感阶段得到的信息，以发现困扰用户的真正问题。

通过实地观察与采访得到的信息，是用户环境中发生的表象事件。我们要通过这些表象事件，去发现问题的内因（指环境等直接因素）。通过深入分析这些内因，以探求处于这个环境中的用户的意识，也就是他们的价值观与判断标准。这些内因和意识，才是引起各种表象事件的真正问题。

图 1-14 定义阶段的任务

（2）磨合理想与问题　在这个任务中，我们需要确认赋予意义阶段确定的理想是否可以解决发现的问题。

赋予意义阶段确定的理想，还只是团队成员的主观想法，并没有考虑用户现在的实际需求，很容易与后续得出的课题出现分歧。

因此我们需要再次审视理想，看它是否具备解决用户问题的要素。若并不具备，则需要进行相应的调整。

（3）确定课题　磨合好理想与实际问题后，就可以凭借主观意识确定课题，使其符合团队理想。这是定义阶段的中心任务。

也许会有 IT 工程师抱有抵抗情绪，不想凭主观意识确定课题。因为 IT 工程师以往接受的训练都要求他们理性、客观地考虑问题。

但设计思考的对象，是没有需求规范说明的新服务、新体验。就算进行了客观分析，也无法确定到底应该选择哪个课题。与其在选题上浪费时间，不如先主观地确定一个课题，之后再根据需要进行修正。

（4）明确代表性用户 即课题实现后能为哪些用户带来方便。这一步有以下两个好处：

1）可以使团队成员对目标用户的认识达成一致。团队确认了课题，并不代表所有成员对目标用户的认识得到统一。如果这个认识不统一，团队成员就很难判断后续构思阶段中提出的想法是否合理，是否符合目标用户的需求。因此，统一对目标用户的认识非常重要。

2）可以更简单地想象出目标用户的行动与心理状态。也就更容易预测出用户在特定状况下的反应，以及他们希望得到的服务。这将给构思阶段确定服务提供的时机带来很大帮助。

2. 主观确定课题

深入思考表象事件背后的原因

以上介绍了定义阶段的四项任务，接下来介绍进行这些任务所采用的具体方法。

进行前三项任务时，我们通常采用"问题构造分析"的方法，也就是充分利用共感阶段中制作的 AIUEO 表格和深入采访得到的结果，去挖掘可能连用户自己都没有意识到的问题。

进行问题构造分析时，团队成员最好全部出席，因为问题构造分析的结果是之后构思新服务与新体验的基础。

问题构造分析可分为五个步骤：①提取出值得深思的表象事件；②写出事件发生的内因（构造）；③将具有相同内因的表象整理到一起；④深入挖掘内因，探寻目标用户的意识；⑤确定真正的问题（见图 1-15）。

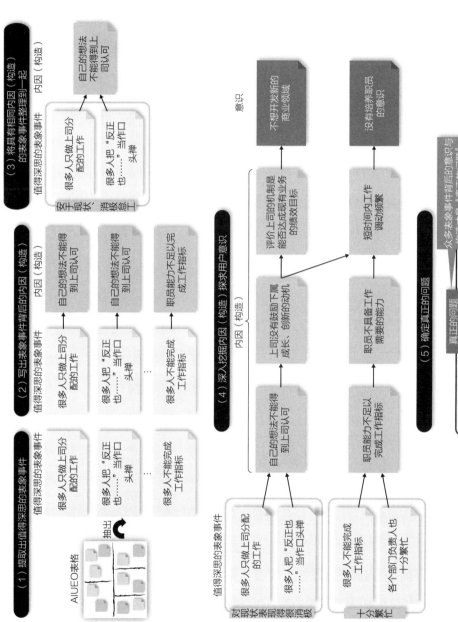

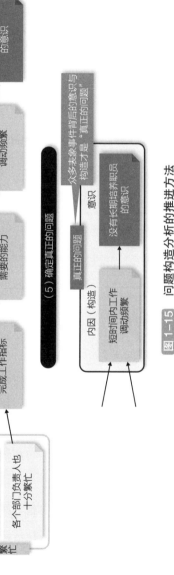

图 1-15 问题构造分析的推进方法

（1）充分利用 AIUEO 表格 因为这个表格反映了实地观察的结果，所以我们可以通过参考照片、笔记等，发现引人注意的表象事件，并将其写到便签上。

内容可以是单纯的疑问——为什么是这样呢，也可以是感兴趣的地方——这个好有趣啊。例如，观察气氛沉闷的企业时，就可以写"很多人只做上司分配的工作""很多人把'反正也……'当作口头禅"这样的表象事件。

另外，我们之前也提到过，实地观察时最好不要有先入为主的看法。只有这样，现在在问题构造分析中才能顺利、比较容易地找出值得深思的表象事件。

（2）写出表象事件发生的内因（构造） 思考表象事件背后的原因，并写在便签上。

拿"很多人只做上司分配的工作"这个表象事件来说，它背后的原因可能是"自己的想法不能得到上司认可"。这个原因就称作"构造"，构造其实就代表了表象事件背后的一系列立体成因，比如工作环境等。

（3）将具有相同内因的表象事件整理到一起 写原因时我们会发现，可能几个表象事件背后的内因是一样的。这个时候，就可以将具有相同内因（构造）的表象事件整理到一起。将写有表象事件的便签按内因进行划分和整理，并用笔圈出来。这样便于其他团队成员理解。

（4）深入挖掘内因（构造），探求用户意识 在这一步骤中，我们需要考虑众多表象事件的直接原因（浅层构造）之间有什么关系，这些浅层构造背后又有什么深层原因（深层构造）。比如，"自己的想法不能得到上司认可"的深层原因就是"上司没有鼓励下属成长、创新的动机"。

在深层原因浮出水面的时候，我们就能了解到用户环境中每个人的意识。可以尝试写下"有（没有）……这样的想法""实际上希望……"等类似的结论。在图 1-15 中，"不想开发新的商业领域""没有长期培养职员的意识"就是典型的意识。

（5）确定真正的问题　当我们找到构造与意识后，就可以进行问题的确定了。其实众多表象事件背后的意识与构造，就是真正的问题。在图 1-15 所示范例中，"没有长期培养职员的意识"和"短时间内工作调动频繁"就是真正的问题。

我们在确定真正的问题时，一定要从意识到构造、再从构造到表象事件逆推一遍，看逻辑是否合理。如果感到不太契合的话，就要考虑是否还存在其他构造与意识。重复以上步骤，直到所有成员都认可为止。

问题构造分析有两个主要技巧（见图 1-16）：

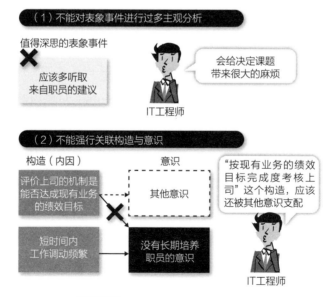

图 1-16　问题构造分析的主要技巧

1）不能对表象事件进行过多主观分析。如果心里一直想着"应该多听取来自职员的建议"，那么在挖掘内因（构造）的时候，也就难以从其他角度进行思考了。

2）不能强行关联构造与意识。一个现场环境中可能存在多个意识，与其揪住一个不放，不如将这些意识全部分析出来。真正的问题越多，在决定课题的时候选择范围就越大。

决定团队提供价值的领域

利用构造和意识确定了真正的问题之后，就可以进行理想与问题的磨合了。在磨合完毕后，再次充分利用构造和意识，决定团队最想解决的课题。

具体来说，要格外注重问题构造分析后得出的构造与意识，也就是真正的问题。其实这些问题的对立面，就是用户期待达到的状态，即用户的需求。比如说，"没有长期培养职员的意识"这个问题，反映的就是"期待公司能够对职员进行长期培养"的需求。

在一系列问题当中，团队需要选择想要解决的问题，也就是"领域"。而在领域中提供的价值，依旧需要主观决定。

此处需要留意的是，一定要明确领域及其提供的价值。明确这两点，在之后的构思阶段就更加容易迸发出灵感。

在图 1-15 的事例中，我们如果将"没有长期培养职员的意识""短时间内工作调动频繁"作为问题领域的话，就能够很容易得出"建立长效人才培养机制，激发职员工作动力"的解决方法。

3. 明确用户特征

描绘人物像，明确用户

通过问题构造分析，我们确定了待解决的课题、准备提供价值的领域及提供哪些价值。接下来需要明确价值的受益方，也就是代表性用户。在这里，描绘人物像是个非常好的方法，它通过详细描述年龄、性别、职业、性格及人际关系等要素，描绘出用户的基本特征。

人物像也需要团队全体成员一同完成（见图 1-17）。因为今后判断设计出的新服务是否合理的时候，它将作为重要的依据。

制作人物像时，首先要确定人物的姓名、性别、年龄和肖像画。有了肖像画，就更容易设定用户的性格与想法；但对肖像画本身的要求并不高，只要团队成员认可就可以，用现有的人物照片也没问题。

其次添加人物特征，性格、职业、家庭成员、生活方式都是必备要素。而且不能简单地写上职业就结束，还要将其具体负责的工作、升降职经历等详细地进行说明。这样人物像就能具体化，性格特质也会变得明显。

最后，补充人物现在的困扰、感到困扰的原因及想要做的事情。再将得到的人物像同之前问题构造分析的成果结合，创造具体的情景，即明确人物在特定情况下，会进行怎样的思考与行动。

描写用户周围人群

制作人物像时也有两个技巧（见图 1-18）：

（1）确定人物的姓名、性别、年龄、肖像画

肖像画

山田美奈
女性
26 岁

目标用户大概是 25、26 岁的女性

IT 工程师

我们画个肖像画吧

团队伙伴

（2）添加人物特征

例：　性格　　职业　　家庭成员 ……

应该是个一丝不苟、做什么事情都很稳重的人

IT 工程师

应该不会搬出去自己住，八成还和父母住在一起

团队伙伴

（3）补充人物现在的困扰、感到困扰的原因及想要做的事情

姓名：山田 美奈

性别：女

年龄：26 岁

将注意到的现象、构造和意识记录下来

职业：企业正式员工，分公司普通岗位（大学毕业，入职 4 年）
工作地点：东京都三鹰市
年收入：×× 万元
家庭成员：目前单身
与父母（父亲 56 岁、母亲 54 岁）住在一起。
父母两人都是小学教师，所以家教很严格。
高中之前家里有门限，但现在为了不让父母担心，还是工作结束后就立刻回家。
虽然嘴里一直喊着"想要独立"，但其实满足于现在的工作，也很珍惜家人，目前并没有单独生活的打算。

居住地：东京都中野区
兴趣爱好：运动、购物、钢琴、做饭
性格：认真、谨慎、富有正义感、纤细敏感

■现在的困扰：
每天工作都很忙。同事们经常会砸过来一些杂活儿。虽然想学会计，但是一直没能抽出时间。因为性格比较腼腆，只同自己部门的行政人员说过话，和其他部门的同事完全没有往来。
前几天接到人事部门的通知，说可能要调动到别的部门。但非常担心新部门的业务需要同公司外部的人交流。
最近对今后的工作感到很困扰。经常失眠，还去医院开了药。处于不想去公司的状态中。

■感到困扰的原因（构造上的问题、意识上的问题）：
上司（男性）与自己都不能把握好适当的工作量和工作内容，所以一直都在敷衍了事，工作质量不高。最近上司总在换人，找不到合适的时机去谈工作。包括直属上司在内的中层们，只关心高层的反应，完全不管下属的死活。自己经常在公司网站上查阅公司的最新动态。

■想要做的事情：
学习与目前工作相关的会计知识，并充分发挥相应优势以实现晋升。听说隔壁部门有位会计知识十分丰富的同事，想去和他多多学习。

图 1-17　明确代表性用户的利器——人物像的制作方法

图 1-18　制作人物像的技巧

　　1）将描绘出的人物想象成与其风格相近的艺人。如果将其比作一位特定演员的话，还可以利用演员出演的作品进行说明，这样其他团队成员也能够立刻了解到人物像最主要的特征。在这个基础上，每位团队成员都可以为人物像进一步增添细节。

　　2）对目标用户的周围人群也进行细致的描写。将其父母、兄弟姐妹的年龄、职业、性格等反映出来后，也就不难想象目标用户的性格与处事风格是如何形成的了。做到这一步后，也方便为其设定更加细节化的性格特征，比如口头禅等。

接下来，请与人物像同年龄段的人帮忙判断它是否具有现实性，并根据反馈进行修改，直到满意为止。这样能够使后续的设计、构思变得相对简单。

人物像完成之后，还可以为其编撰每日故事与生涯故事，其实就是对生活与日常行为的记录。这样能够使人物像更加饱满，也更容易推测其行动背后的心理过程。

问题构造分析和人物像的成果，将成为之后构思阶段的基础。构思的时候如果出现卡顿，也可以返回这一阶段重新开始。就算出现了"真正的问题是什么""服务的目标用户是谁""最初的目标是什么"等问题，只要返回这一阶段，就能够立刻回忆起来，不会出现迷茫的局面。

总 结

1）定义阶段中，首先要从实地观察的结果里提取出值得深思的表象事件，再深层探求表象事件背后的构造和意识。

2）构造和意识整理完成后，以它们为依据，主观确定想要着手的课题与想要提供的价值。

3）确定好课题后，为了明确受益用户的特征，描绘人物像。

1.4 构思

确定解决课题的方案，明确即将创造的价值

下面主要解说构思阶段的推进方法。为了解决定义阶段确定的课题，我们要开始设计方案创意了。

构思　设计服务、解决课题

构思阶段的目的，是设计相应的服务，去解决定义阶段确定的课题（见图 1-19）。解决课题需要团队成员的共同努力，一起思考创作"服务概念"与"服务选单"。它们是打造具体服务与体验的基础。

思考时有两个要点：一是与解决课题有关的各种要素（信息），二是将各种要素有机结合起来的视点。

设计思考中，要素可以从共感阶段的实地观察中获取；而视点则要靠构思阶段来完成，在构思阶段中，个性不同的团队成员一起思考，可以得到多样且独到的视点。

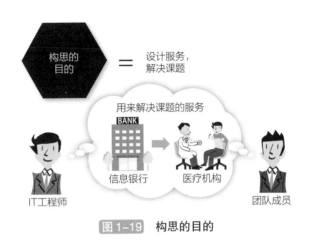

图 1-19　构思的目的

1. 不考虑创新性与现实性问题，让创意达到足够数量

构思阶段有三项任务：①提出创意；②整合创意；③选定创意（见图 1-20）。

（1）提出创意
以人物像为参考提出创意，以解决课题

（2）整合创意
整合创意，形成"服务概念"

（3）选定创意
从服务理念中选择感兴趣的部分，确定"服务选单"

图 1-20　构思阶段的任务

（1）提出创意　顾名思义，这是团队提出创意以解决课题的环节。

以定义阶段制成的人物像为参考，通过创意素描和头脑风暴等方式，提出尽可能多的创意。

这个任务中，不必在意创意是否具有创新性与现实性，要在量上取得优势。一个创意被提出后，其他团队伙伴也许会从它身上发现其他价值。这是因为每个人都拥有不同的视点，也就是说，有多少个视点，一个创意就能获得多少价值。

例如智能手机，有人看到它作为交流工具的价值，有人注重其记录生活的功能，还有人注意到它提升工作效率的优点。

换句话说，一个创意可能催生出其他创意。而最开始的创意提出者也能从这些新创意中再次得到启发，获得更新的创意。这样的过程不断重复，就能得到大量创意。

（2）整合创意　我们在这个任务中需要将之前提出的创意进行整合，形成"服务概念"。

整合创意，并不仅仅是将它们拼凑到一起，而是从团队成员多样的视点出发，对创意进行梳理，去发现和追加新的价值。

例如，有一个用到 AI 的创意，我们就可以考虑不用 AI 时，这个创意依然能够提供哪些价值；或者有些创意除已知目标用户外，还可以为哪些其他群体提供一定价值。我们就是要通过整合创意，去发现它们的无限可能性。

在这个过程中，我们要将每个创意中的出场人物和组织机构提取出来，去寻找它们之间的联系。这样便能够看出团队期待提供的价值是什么，也就是"服务概念"。

（3）选定创意　我们从整合创意得到的服务概念中选择感兴趣的部

分，制作成一目了然的"服务选单"。这里的选择是指团队成员主观选择感兴趣的部分，而不是从客观角度进行评价和筛选。

选定创意后，新服务、新体验的开发方向就明朗化了。今后各个阶段的任务就是充分参考服务选单进行新体验的具体设计。

2. 绘制创意，精心"培育"

以上介绍了构思阶段的三项任务，接下来介绍这些任务的具体操作方法。

提出创意时，我们需要用到"创意素描"。创意素描通过简笔画表现创意，是可视化的成品。简笔画往往比文字的信息承载量大，可以更易于表示自己的想法，更容易获得团队伙伴的支持。进行创意素描时，需要参考定义阶段中完成的人物像及课题的文字定义。

为了汇聚多样化的视点，要邀请尽可能多的伙伴来参加创意素描。不局限于 IT 工程师，最好策划、设计及经营等部门的同事也能一起参加。如果项目没有保密要求，还可以邀请公司外部的有识之士或者用户来参加，这样的状态是最好不过的。

进行创意素描时，首先要将创意的大概模型画出来。直接在白纸上绘制有些困难，我们可以利用创意素描工作表（见图 1-21）。工作表带有功能分区，有专门用来描述场景的区域——快照（Snap Shot），还有用来补充说明的区域——备注（Note）等。我们可以在快照栏中简单勾勒创意的具体情境，并且给它取个标题（Title）。

在绘制创意的时候，没有必要纠结于画的质量。我们的目的仅仅是将创意本身传递给周围的人，因此没有必要画得太过精致。此外，简笔

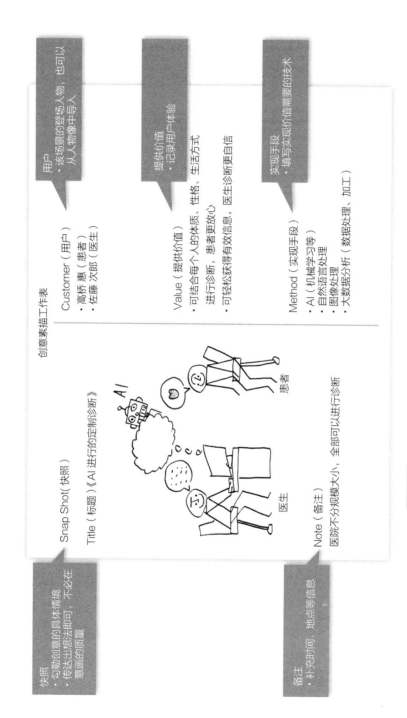

图 1-21　展示创意的好帮手——创意素描的绘制方法

画难以表现出的地点、时间等要素，要在备注栏里进行说明。

接下来就是明确用户与服务内容。在工作表用户（Customer）一栏中填入目标用户，提供价值（Value）一栏中填入要提供的价值和服务内容等。如果在提供价值后将预计的用户体验同时记入的话，就更加清晰明了。最后，将实现价值需要的技术填入实现手段（Method）一栏中，这样创意素描就完成了。

团队成员完成各自的创意素描后，可以进行分享。将所有素描画都贴到墙上，由每位成员对自己的创意进行解说。

解说者要讲出自己创意中最关键的部分。推动者则负责将其记录在便签，并贴到创意素描上。这样一来，每位成员的视点就一览无余了。

在解说的持续进行中，我们可以得出创意视点间的共通要素。而这些共通要素，就是团队为用户提供价值的方向所在。

另外，尽量不要揪着某一个创意进行评论和质疑。我们的主要目的是发掘视点。如果有成员一定要表达反对意见，那么推动者就要督促他提出更好的建议。视点全部明确之后，将其按照主题进行分类，为进行下一步创意整合做准备。

3. 通过眉毛和嘴巴的组合，表现多样的情绪

创意素描的两个技巧如图 1-22 所示：一是打破僵局、迈出作画的第一步，二是掌握基本的表情画法。

第一个技巧主要是消除大家对画画的抵触心理。很多人都不擅长画画，如果太追求画面质量的话，可能什么都画不出来了。

图 1-22　创意素描的主要技巧

　　可以先定个简单的题目，随意画一画。比如"上周末的快乐时光"就可以，画完后两人一组互相介绍。这样画一次应该就习惯了，而且大家也能够意识到，比起画的质量，让对方明白自己要表达的内容才更重要。如此，创意素描也就变得容易了。

第二个技巧掌握基本的表情画法，是为了准确传达用户的心理状态。创意素描中，抓住人的表情是非常重要的。因为服务的好坏就是靠用户的心理状态反映出来的。

利用上下开口的弧形与直线这三种线条，进行眉毛与嘴巴的组合，就能够画出很多表情，足够看画的人辨析、理解。

当创意素描这一步进行得差不多之后，就可以开始整合创意了。

4. 将相关者的关系可视化

推荐使用价值网络映射（Value network mapping）整合创意。价值网络映射可以将每个创意中的出场人物和组织机构提取出来，再将它们之间的关系可视化。目的是让整个团队明确价值提供对象与价值内容。

可以使用日常且轻便的小道具实现立体化展示，如积木、便签、黏土等。IT 工程师应该很喜欢这种边动手、边思考的工作方式。

价值网络映射有四个步骤：①提取相关者；②用线条表现相关者的联系；③用便签标注是何种联系；④记录用户对各种联系的感受（见图 1–23）。

之前我们已经按主题将创意进行分类了，这里就以主题为单位进行操作。

步骤（1）中，要提取出每个创意的登场人物和组织机构，用积木或便签进行表示。代表性相关者有用户、服务商、合作企业、政府和自治机构等。

步骤（2）用线条表现相关者的联系。这一步主要是将产生联系的相关者用箭头连在一起。代表性联系有价值、金钱、信息和数据等。

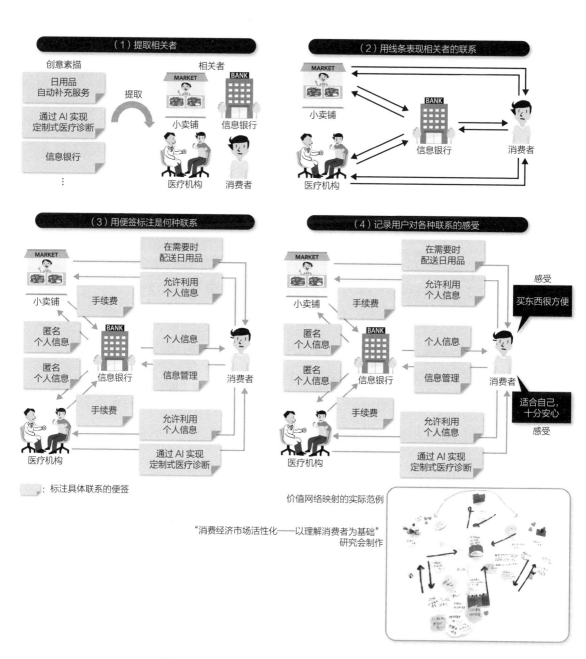

图 1-23　整合创意的好方法——价值网络映射的步骤

步骤（3）用便签标注联系的具体内容，也就是将上面提到的价值、金钱、信息和数据等写到便签上并贴好。

步骤（4）记录了用户对各种联系的感受。在这一步中，我们要表现出用户对所示关系的态度。另外，比起单纯的"高兴""开心"等词语，"买东西很方便"这种台词式的表达会更好，能更加具体地反映出用户的感情。

另外，如果进展到一半的时候发现了新的相关者，可以随时添加进来。我们采用小积木等轻便的工具，就是方便这种时候进行改动。

5. 生动描绘联系

制作价值网络映射的技巧如图 1-24 所示。

1）第一个技巧是统一每种要素的表现方式。价值网络映射中需要表现出的要素有很多种，比如相关者（属性）、价值联系、金钱联系、信息联系以及相关者的感受等。要充分考虑每种要素的表现方式，实现团队内的统一。例如，可以用橙色表示相关者，绿色表示价值联系，即用不同颜色的便签表示不同的要素类型。统一各种要素的表现方式，更容易发现成品的不足。比如，"虽然信息联系很多，但却没有明确说明用户由此产生的感受"等。找出不足之后，团队成员可以一同进行改善。

2）第二个技巧是用模拟场景体现联系。在便签上描写联系的时候，要尽量贴近实际场景。例如，医生对患者说"会结合您的生活方式进行治疗"。

既然是结合生活方式进行治疗，那么自然就能联想到与个人生活方式相关的其他服务。比如，可以为不方便住院或者不想住院的人提供家庭医生服务，为格外在意健康的人定制健身套餐等。通过这样的联想，可以不断拓宽服务范围。

　　以上，我们通过价值网络映射实现了各个主题服务的具象化。接下来，我们要将价值网络映射的成果（立体模型）整合到一张模拟图中，作为"服务概念"的概念图。这一步可以请专业设计师帮忙。

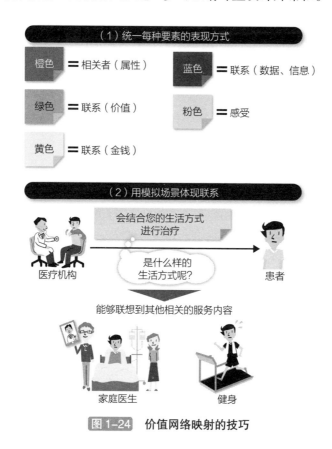

（1）统一每种要素的表现方式

橙色 ＝ 相关者（属性）　　蓝色 ＝ 联系（数据、信息）

绿色 ＝ 联系（价值）　　粉色 ＝ 感受

黄色 ＝ 联系（金钱）

（2）用模拟场景体现联系

会结合您的生活方式进行治疗

医疗机构　　是什么样的生活方式呢？　　患者

能够联想到其他相关的服务内容

家庭医生　　健身

图1-24　价值网络映射的技巧

　　这份服务概念对之后选定创意、确定服务选单有十分重要的作用，且在后续阶段中也能派上用场。比如，我们在某一步操作时，可能需要外部帮助或者听取用户意见，那时就可以利用概念图向用户或提供帮助的伙伴说明服务概念与服务内容。它一目了然，便于理解，相信听取说明的人能够很快抓住精髓。

> **总 结**
>
> 1）构思阶段中，首先要将创意绘制出来，与团队成员分享。
>
> 2）将多样的创意进行整合，明确创意目的，制作"服务概念"。
>
> 3）服务概念制作完成后，从中选择感兴趣的部分形成"服务选单"，为后续阶段做准备。

1.5　试制

创意具象化：选择适当方法，便于后续检验效果

下面将围绕试制阶段展开说明。这个阶段的任务是将之前得出的服务创意具象化。

试制　制作样品、确认效果

试制阶段的目的，是根据构思阶段得出的服务创意制作原型（见图 1-25）。

在前一阶段中，我们得到了服务概念与服务选单。它们分别代表团队成员提出的所有创意及本次采用的创意。为了便于后续检验这些创意的价值与可操作性，我们要将其具象化，让它们看得见、摸得着。

但其实原型并不仅仅局限于实物模型、运行程序等实物。如果我们用故事性插图将服务提供的体验表现出来，那么这个插图本身也是一种原型。只要将服务创意具象化,并且能够从用户那里收集反馈进行分析，就没问题。

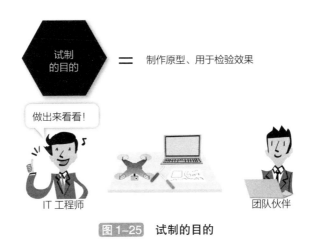

图 1-25 试制的目的

试制阶段的重点是不能拘泥于原型的完成度。因为后续的试行阶段中还要不断进行摸索和尝试，并进行修正。

没有必要一开始就追求高品质或服务配置完备的原型。后续确认效果的时候，还要反复进行测试，每次都有相应的观察重点，因此最好的方式就是制作便于检验的原型。

另外，创意具象化后很容易出激发新的创意，团队成员的认识也更容易统一。其实试制阶段的目标是制作试行阶段用于检验效果的原型，因此本质上来说，试制阶段只是一个需要不断重复的出发点而已。因此，不拘泥于完成度、大概成型即可的心态十分重要。

从三个角度决定试制方法

试制阶段由三项任务构成：①明确后续阶段需要检验的要素；②确定试制方法；③制作原型（见图 1-26）。

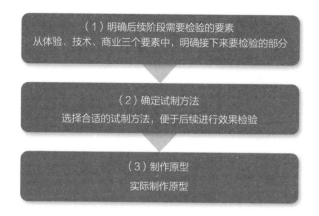

图 1-26 试制阶段的任务

（1）明确后续阶段需要检验的要素 其实构思阶段及其之前，我们已经在一定程度上对自己的创意进行了验证。不过之前的关注点在"提供的服务能否为用户带来帮助"。而试制阶段中，我们扩大了视野范围，以下三个要素成为重点：①体验；②技术；③商业（见图 1-27）。

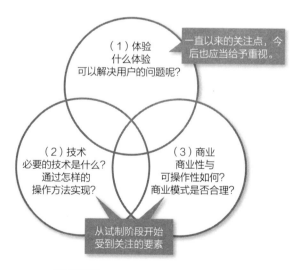

图 1-27 利用原型检验的三个要素

1）体验。与之前步骤的关注点相同，这里的体验是指提供的体验与服务能否为用户带来帮助。

2）技术。指服务与体验需要利用哪些技术及操作方法进行支撑。

3）商业。指开发成品是否具有商业价值与可操作性，商业模式是否合理。

这三个要素中，最重要的是体验。为用户提供的体验是否具有意义，才是评价服务时最重要的标准。

在决定要检验的要素时，应该以体验为中心，再逐渐加入技术与商务的部分。简单来说，我们的目的是推出体验，而技术与商务则是为了推出体验才附加考虑的要素。

保持三者的平衡并不容易，但服务创意可是承载了整个团队的共同理想，为了让它早日面世，打起精神加油吧！

（2）确定试制方法　确定好检验要素后，就可以确定试制方法了。要选择合适的试制方法，才能便于后续进行检验。

虽然试制听起来很简单，但其背后的方法却有很多种，十分复杂。有的方法可以很快检验出服务体验是否具有相应价值，有的方法适合拿来检验采用的技术是否合理，有的方法则便于检验出服务的商业价值。接下来，就为大家梳理不同目的对应的具体方法（见图1-28）。

1）检验体验的方法。

检验服务体验时常用的方法有故事板（Story Board）、电影（Movie）及用户体验地图（Customer Journey Map）。

故事板是一种以四格漫画讲述故事及情境的方法，可用来描述设计的使用过程；电影则可以利用视频传递故事与服务细节；而用户体验地

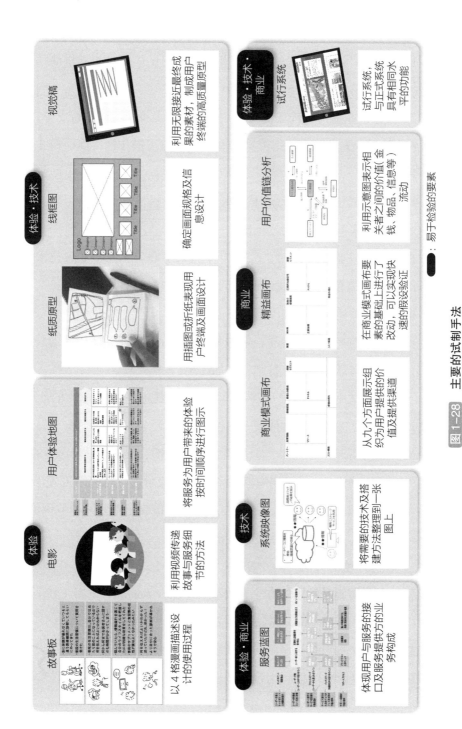

图 1-28　主要的试制手法

○：易于检验的要素

视觉稿

体验·技术

利用无限接近最终成果的素材，制成用户终端的高质量原型

线框图

确定画面规格及信息设计

纸质原型

用插图或折纸表现用户终端及画面设计

用户体验地图

将服务为用户带来的体验按时间顺序进行图示

电影

利用视频传递故事与服务环节的方法

故事板

以 4 格漫画描述设计的使用过程

体验·技术·商业

试行系统

试行系统，与正式系统具有相同水平的功能

用户价值链分析

利用示意图表示相关者之间的价值（金钱、物品、信息等）流动

精益画布

在商业模式画布要素的基础上进行了改动，可以实现快速的假设验证

商业模式画布

从九个方面展示组织为用户提供的价值及提供渠道

系统映像图

将需要的技术及搭建方法整理到一张图上

服务蓝图

体现用户与服务的接口及服务提供的业务构成

056

图是将服务为用户带来的体验按时间顺序进行图示的方式。

以上方法都能够用来表示用户体验服务的过程。可以通过引入情节，将服务的大致情况简单明了地传达出来。

2）检验技术的方法。

检验技术利用系统映像图（System Image）即可。IT 工程师应该对这个方法驾轻就熟了，它的具体操作方法是将需要的技术及搭建方法整理到一张图上。

3）检验商业的方法。

检验商业时，则推荐商业模式画布（Business Model Canvas）、精益画布（Lean Canvas，也称单页商业模式画布）、用户价值链分析（Customer Value Chain Analysis，CVCA）等。

商业模式画布从九个方面展示组织为用户提供的价值及价值提供渠道，是一幅画布。它是由《商业模式时代》（*Business Model Generation*）的作者亚历山大·奥斯特瓦德（Alexander Osterwalder）提出的。精益画布则由《实践精益创业》（*Running Lean*）的作者阿什·莫瑞亚（Ash Maurya）提出，它和商业模式画布涉及的要素不同，更适用于创业过程，且能够快速实现假设验证。用户价值链分析则是利用示意图表示相关者之间的价值（金钱、物品、信息等）流动。

4）同时检验多种要素的方法。

如同时检验体验与技术的话，可以使用纸质原型（Paper Prototype）、线框图（Wire-flame）和视觉稿（Mock-up）。纸质原型用插图或折纸表现用户终端及画面设计。线框图可以用来确定画面规格及信息设计。视觉稿则是利用无限接近最终成果的素材，制成用户终端的高质量原型。

这些方法有的可以表示画面设计，有的能用连环画的方法表现画面迁移；但它们只是原型，并不具备实际功能。我们主要是用以上方法来表现"采用什么渠道、提供什么功能"。说到原型开发（Prototyping），首先想到的就是这些方法。

而当我们想要同时检验体验与商业要素时，则要用到服务蓝图（Service Blueprint）。它可以体现用户与服务的接口及服务提供方的业务构成。当 IT 系统承担多种业务时，还能够用于明确技术要素。

如果想要一次性检验体验、技术、商业这三个要素，则要选择试行系统（Pilot System）。它虽然只是试行系统，但与正式系统具有相同水平的功能，故而可以从各个角度进行检验。

我们没有必要用到所有试制方法，要考虑还没有进行检验的要素是哪一个、接下来要验证哪一个等问题，然后选择相应的方法即可。

5）首先选择适合检验体验的方法。

我们在解说明确检验要素时强调过，最重要的要素是体验。因此在开始阶段，最好先选择适合检验体验的试制方法，将其调整到最能让用户满意的状态。至于技术和商业的检验，可以放到以后慢慢完成。

例如，我们要先利用故事板将提供的体验描绘出来，再用商业模式画布总结用到的商业模式，或者用系统映像图确定提供体验需要的技术。

（3）制作原型　确定好试制方法后，就可以进行原型制作了。最开始不必做得太精细，后续慢慢完善即可，粗糙的原型往往也能收到足够的反馈。

相反，如果从一开始就想同时检验体验、技术及商业，费心费力制作试行系统，却往往会"吃一鼻子灰"。因为一旦做出的试行系统与用户期待不契合的话，就必须重新从零开始。因此，推荐大家先做个简单的原型，看看用户的反馈如何。

制作原型时，可以根据需要去寻求外部帮助，如借鉴和使用故事板的插图、电影的制作还有画面设计等，有了外部帮助会省力很多。找到能提供帮助的伙伴后，要向对方详细讲解隐藏于服务、体验背后的团队理想，这样会更容易得到符合预期的成品。

1）用"连环画"表示体验。

我们已经明确了试制阶段的三个任务。接下来以故事板为例，介绍实际制作原型时的步骤。

故事板利用插图和说明文字表现服务体验，就像四格漫画一样（也许叫作连环画会更加生动贴切）。它的特征就是通过故事传达信息，这个信息不仅仅包括体验本身，还包括课题意识及服务背景等。

制作故事板时，主要有以下三个步骤：①提取核心体验；②思考体验流程；③将流程用插图及文字进行说明（见图1-29）。

① 首先将服务中的核心体验提取出来。当服务拥有多条主线体验时，制作相应数目的故事板即可。

② 思考体验流程时，推荐采用起承转合的表现方式。

第一格是"起"，用以说明背景状况；第二格"承"，表现用户遇到的问题；"转"则是体现服务带来了什么改变；最后的"合"，则要传达出用户获得服务后的心情。

当然，或许起承转合并不适用于所有情况，我们完全可以根据实际情况灵活地进行改动。每个格子的表现内容并没有严格的规定。

③ 用插图及文字说明流程。将每个格子对应的内容用插图和简单

图1-29　说明体验内容及背景的好帮手——故事板的制作方法

的说明文字表现出来。

这样三个步骤过后，故事板就制作完成了。在之后的试行阶段中，这个故事板会被拿给用户，以寻求反馈、进行检验。

制作故事板的技巧是，将自己想象为用户、以第一视角进行描述。一定要清楚、明了地表述接受服务前后的心情变化，这样才能够在试行阶段获得更加具体的用户反馈。

而且，以第一视角进行的描述，容易令用户产生相同的感受，从而产生更具参考价值的反馈。

2）商业模式的可视化。

接下来介绍用于检验商业的试制方法。检验商业的试制中，第一步要将实现服务的必要条件可视化。我们以商业模式画布为例进行具体说明。

制作商业模式画布时，也有三个步骤：①将九个构成方面写到便签上，并将便签贴至工作表；②就空白的构成方面进行探讨思考；③确认各个构成方面之间的关系（见图1-30）。

① 将九个构成方面写到便签上。商业模式画布有九个构成方面，分别是用户细分、价值主张、渠道通路、用户关系、收入来源、核心资源、关键业务、成本结构、重要伙伴。我们的任务是将之前得出的"服务概念"和"服务选单"的内容，对应到这九个方面，并写到便签上。

② 就空白的构成方面进行探讨思考。也许有的构成方面下完全没有内容，但也没关系。这里的重点是将现有的信息可视化。那些缺失的内容，当场考虑就可以。

③ 确认各个构成方面之间的关系。例如，将用户细分与价值主张

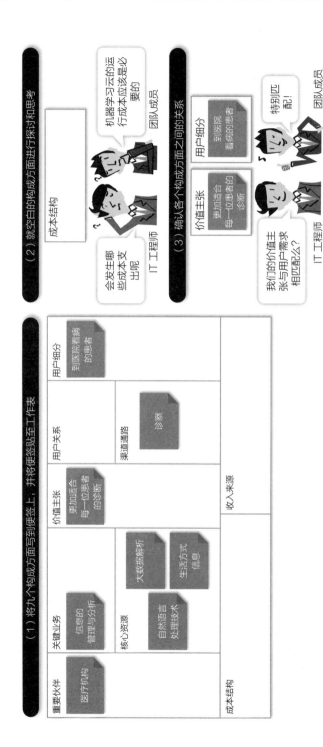

（1）将九个构成方面写到便签上，并将便签贴至工作表

重要伙伴	关键业务	价值主张	用户关系	用户细分
医疗机构	信息的 管理与分析	更加适合 每一位患者 的诊断		到医院看病 的患者
	核心资源		渠道通路	
	自然语言 处理技术 大数据解析 生活方式 信息		诊察	
成本结构			收入来源	

（2）就空白的构成方面进行探讨和思考

成本结构

会发生哪
些成本支
出呢

机器学习云的运
行成本应该是必
要的

IT 工程师　　　　　团队成员

（3）确认各个构成方面之间的关系

价值主张
更加适合
每一位患者
的诊断

用户细分
到医院
看病的患者

我们的价值主
张与用户需求
相匹配么？

特别匹
配！

IT 工程师　　　　　团队成员

图1-30　制定商业模式的好帮手——商业模式画布的使用说明

的内容进行对比，看它们是否匹配。其实在将创意具象化的过程中，经常会发现几个方面不匹配的情况。另外，我们还需要格外注意核心资源（技术等）中填入的内容是否能够支撑起关键业务。

商业模式画布不是一劳永逸的工作。随着讨论与思考不断地推进，我们需要随时对其进行更新。前文提到过，整个检验流程是以体验为中心的，所以当体验的内容发生变化时，商业模式的内容也需要进行重置或细化。我们的目标是寻找最适合的商业模式，使其与目标体验相契合。

到这里大家会发现，试制阶段需要考虑的要点大幅增多。也许有人会感到复杂棘手，但我们没必要一下子将这些要点全部完成。从能入手的地方开始，行动起来即可。

创意具象化过程可以带来很多新发现，而且团队共同思考、画插图相互展示的过程真的比想象中还要快乐很多。大家一定要好好享受这个过程。

> **总 结**
>
> 1）试制就是将创意具象化，使其看得见、摸得着，便于后续进行检验。
>
> 2）试制原型的时候，首先要明确后续阶段准备检验的要素，再据此选定合适的试制方法。
>
> 3）试制阶段引入了体验之外的要素，即商业及技术。

1.6 试行

请用户试用原型，获取反馈以完善创意

终于到了设计思考六阶段中的最后一个阶段——试行。试行阶段主要验证具象化的服务创意是否有效，再根据验证结果对其进行完善。

试行　检验创意

试行阶段的目的是利用原型对创意进行检验与完善（见图 1-31）。在试制阶段中，我们为了验证创意是否合理、有效，制作了具象化的原型。现在要带着这个原型去见用户，让他们进行体验，并给出反馈。我们要在这些反馈的基础上，对创意进行完善。

完善创意后，需要相应地修改或重制原型，再次提供给用户获取第二轮反馈。不断重复这个过程，直到体验、技术、商业三个要素都趋于完美为止。

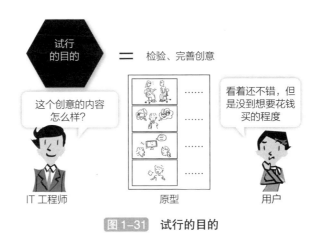

图 1-31　试行的目的

从这一点来看，试制与试行是两个密不可分的过程，需要反复交叉进行。可以说，正是反复试验的次数决定了用户体验的满意度。

1. 利用原型，获取用户反馈

试行阶段有两个主要任务：①检验创意；②完善创意（见图 1-32）。

图 1-32　试行阶段的任务

（1）检验创意　利用原型获得用户对创意的反馈。这个过程要时刻将试制阶段确定的检验要素放在脑海中。接下来，我们分别对体验、技术、商业三个要素的实际检验方法进行说明。

1）体验的检验方法。

要想知道创意能不能为用户带来帮助，最有效的方法是直接询问用户。寻找与定义阶段确定的人物像相近的五位用户，上门拜访吧。

见到用户，首先要进行自我介绍、说明来意；再解释赋予意义阶段确定的理想、定义阶段确定的真正的问题及构思阶段完成的服务概念。在此基础上展示原型，让用户进行体验并给出反馈。

这里要注意一点，即最好与用户当面交谈，以获得最直观的信息。也许很多人觉得将反馈写到纸面上就足够了，实则不然，当面交流的效果无疑会更好。

原因是我们期待得到的反馈其实并不仅仅是用户对原型的评价，还有他们的表情与反应。想要得到这类信息，就必须进行当面交流。而且当面交流还有一个好处，就是我们可以随时就用户的评价进行深一层的提问，以获得他们的潜在需求和价值理念。

另外，当面交流也能增强团队成员的服务意识。特别是获得称赞时，成员的动力会极大地增强。

2）技术的检验方法。

体验要素检验完毕后，就可以进行技术要素的检验了。检验的主要任务是探讨实现理想的体验需用到哪些技术。

在这个过程中，首先要自主地思考想要运用哪些技术，再去向专业人员询问意见。因此对先进技术的感知以及平时积攒的各种人脉就显得尤为重要。

当核心技术为 IT 系统相关技术时，也许 IT 工程师靠自己就能完成得差不多，但也请参考专业人士的意见。因为有的系统虽然看起来简单，但用户数一旦超出负荷的话就会受到各种限制。这些细节性问题一定要向专业人士仔细确认。

得到专业人士给出的意见后，将获得的信息进行整理。比如说，需要将目前可以利用的技术同未来有望利用的技术分类。这个分类可以体现出当前为用户提供的体验及服务未来的发展方向，可以为制订进程规划带来很大的帮助。

3）商业的检验方法。

检验体验的时候，我们会采访用户。可以利用这个机会，同时询问一些检验商业的必要信息。例如，理想的服务终端、渠道通路以及心理价位等。

当体验与技术相关的检验进行得差不多、开发方向已基本确定的时候，这些信息就能派上大用场了。比如，试制商业模式画布时就需要这些信息，以便团队成员探讨商业模式。

（2）完善创意　在这项任务中，我们需要根据用户及专业人士的反馈及意见进行探讨，并据此完善创意。

与检验阶段相同，完善阶段依然要以体验为中心，技术与商业要素次之。但并没有必要满足用户所有的需求，因为用户的需求很多都是矛盾、无法实现的。因此我们需要制定完善的方针，用来判断应该接受什么样的意见，放弃什么样的反馈。例如，只选择与赋予意义阶段确定的理想相吻合的建议，或者选择用户需求程度高、易于实现的建议。完善的方针确定后，就可以据此筛选反馈，进行创意的完善了。

2. 围绕五个要点获取意见

试行阶段的两个任务已经明确了，接下来感受一下它们的具体流程。

检验体验最为合适的方法是故事板。那么我们就以 AI 医疗诊断辅助服务为例，介绍给用户展示故事板、检验创意的流程。

如前文所说，利用故事板检验体验要素的时候，要先将理想与服务概念传递给用户，再展示故事板，逐格说明体验流程。展示的同时对用户进行采访，而采访要抓住五个要点：①理想；②需求；③概念；④服务内容；⑤待完善部分（见表 1–1）。按顺序对五个要点进行提问，确认用户认同与不认同的部分。

表 1–1 采访的要点与问题示例

要点	问题示例
理想	您对我们的团队理想有哪些共鸣呢
需求	您对我们确定的真正的问题及团队课题有哪些共鸣呢
	您认为最重要的问题是什么？它是否包含于我们的课题之中？您觉得是否有其他需要解决的问题
概念	我们确定的服务概念对您有帮助吗？
	如果利用这项服务，能在多大程度上解决您的困扰
	（完全解决、马马虎虎、完全不能解决）
服务内容	您觉得服务内容怎么样
	您了解这个服务用到的终端与渠道通路吗
	对这项服务，您可接受的最高价格是多少
	您觉得利用这个服务有任何不便之处吗？是什么不便
待完善部分	有哪些需要完善和修正的部分

理想要点的示例问题是"您对我们的'团队理想'有哪些共鸣呢"。

而服务内容要点的示例问题不仅包括共鸣，还包括用户对服务的评价及感到不便的地方。这是因为这两个问题能够用于检验商业要素。另外，待完善部分的设置，是为了防止前面几个问题没有覆盖用户的全部想法，因此最后再询问一下用户有没有对服务的整体建议。

3. 切忌硬性推销创意

采访时有三个技巧：①记录反馈；②针对用户的回答，进一步提问"为什么这样想呢"；③不硬性推销创意（见图1-33）。

1）记录反馈，这是便于后续完善创意。比起口头向团队伙伴传达用户的反馈，将其文字化进行精准的分享是更好的。而且制定完善方针的时候，也更加有针对性，能够明确看出需要改动的地方。

另外，记笔记的时候一定要如实记录。前面提到过，精准分享十分重要。如果其中添加了自己的想法与解释，那么后续工作就会受到干扰。

2）针对用户的回答，进一步提问"为什么这样想呢"。这是为了明确用户的需求及价值观。用户每表达一个看法，都可以追问"为什么这么想呢"，或者加入自己的猜测"是因为××才这么想么"。越深层的想法，在后续完善创意时就越具有参照意义。

3）不硬性推销创意，是为了得到用户最真实的看法。无论对创意多么满意，都不能硬性推销。一旦硬性推销，用户就不好意思给出否定的评价，还会产生反感而不愿意提供有价值的意见了。要牢记，我们的目的是为了向用户介绍创意，以得到客观的反馈。

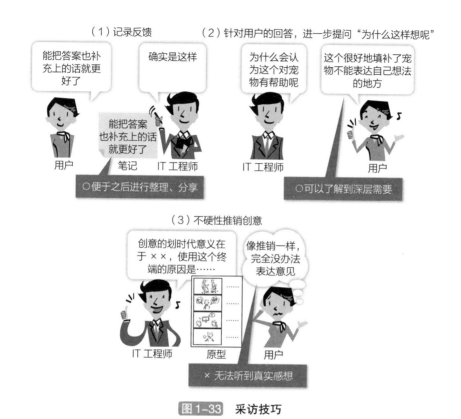

图 1-33　采访技巧

4. 四个步骤完善创意

采访结束后完善创意。完善创意大致可分为四个步骤：①整理、分类反馈意见；②制订完善方针；③提取符合方针的反馈意见；④制订具体的完善策略（见图 1-34）。我们继续以 AI 医疗诊断辅助服务为例。

（1）整理、分类反馈意见　我们将与采访的五大要点相关的反馈意见全部列出并进行整理。

我们详细看一下图 1-34 中的服务内容和待完善部分两个要点。在

步骤

（1）整理、分类反馈意见	（2）制订完善方针	（3）提取符合方针的反馈意见	（4）制订具体的完善策略

整理、分类好的反馈意见 　　完善方针 　　符合方针的反馈意见 　　具体的完善策略

服务内容

说实话，并不想为了这种服务花钱

它是诊断的辅助服务，当然会欣然接受。希望能够顺利地导入医疗服务当中

不提供免费服务，将目标用户限定为"愿意为服务付费"的人群

不仅仅是自己，对小孩儿、痴呆症患者、残障人士及宠物等不能表达出自己的对象来说，也是一个非常便利的服务

不仅仅是自己，对小孩儿、痴呆症患者、残障人士及宠物等不能表达出自己的对象来说，也是一个非常便利的服务

将目标用户变更为饲养宠物的人

想为宠物购入这个服务。宠物能够长命百岁的话，花多少钱都没问题

想为宠物购入这个服务。宠物能够长命百岁的话，花多少钱都没问题

待完善部分

不想让自己的全部隐私信息都被医生知道。希望被诊断的仅仅是诊断需要的必要信息。最好自己能够控制提供信息的内容

变更用户体验，使得用户能够控制向医疗机构提供的个人信息

不想暴露个人信息。别人随便偷看就能看到，实在太可怕。如果自己能够控制提供哪些信息的话就好了

不想暴露个人信息。别人随便偷看就能看到，实在太可怕。如果自己能够控制提供哪些信息的话就好了

设置专用网站，供用户管理个人信息

如果AI能够掌握生活方式，那么想让它为自己定制健康的生活建议。这样能够起到预防疾病的作用，如果最终能够实现，可能根本就不必去看医生了。并且还能减少医疗费用，一举两得

不改变理想——"搭建医疗机构与患者之间的桥梁"。本次的关键业务是治疗而非预防

没有相应的反馈意见

图1-34 完善创意的步骤

071

服务内容要点中提出的意见很多，如"说实话，并不想为了这种服务花钱""它是诊断的辅助服务，当然会欣然接受……""不仅仅是自己，对小孩儿、痴呆症患者、残障人士及宠物等……"等。与待完善部分这一要点相关的意见有"不想让自己的全部隐私信息都被医生知道"等。

（2）制订完善方针　团队共同商讨，确定改进方向。

以图 1-34 为例，与服务内容要点相关的方针就是"不提供免费服务，将目标用户限定为'愿意为服务付费'的人群"。而待完善部分的要点引申出了两个方针，分别是"变更用户体验。使得用户能够控制向医疗机构提供的信息"及"不改变理想——'搭建医疗机构与患者之间的桥梁'，本次的关键业务是治疗而非预防"。

（3）提取出符合方针的反馈意见　服务内容要点中提取出了"不仅仅是自己，对小孩儿、痴呆症患者、残障人士及宠物等……"及"想要为宠物购入这个服务……"。而待完善部分这一要点只提取出了一条反馈意见，即"不想暴露个人信息……"。

（4）制订具体的完善策略　即根据完善方针修正创意。不必拘泥于最初的创意，要认真采纳用户的建议大胆进行改动。这样的改动就叫作大幅改动（Pivot）。

AI 医疗诊断辅助服务的示例中，服务内容要点的完善方针为"将目标用户限定为'愿意为服务付费'的人群"。因此，目标用户从"到医院接受诊断的患者"变更成"饲养宠物的人"。虽然更多的反馈意见是"希望它能够作为医疗诊断的辅助服务，给更多人带来帮助"，但因为饲养宠物的用户明确表明"宠物能够长命百岁的话，花多少钱都没问题"，所以我们才做出了相应的变更。

而待完善部分要点的完善方针则是"设置专用网站，供用户管理个人信息"。这是吸取了"……如果自己能够控制提供哪些信息的话就好了"的反馈意见而做出的调整。

其实 IT 工程师大都希望能够按照自己的计划进行项目，如果做出大幅更改的话，就会产生一种前功尽弃的感觉。请一定要抛弃这种感觉，换一个角度看问题。

旨在创造新体验、新服务的项目中，最重要的就是寻找符合团队理想与用户需求的创意。因此，不断尝试探索是必要任务。只有这样，才能创造出广受欢迎的服务。

5. 将完善后的创意反映到商业模式中

利用故事板进行的检验与完善就告一段落了。以此为基础，项目组决定引入可佩戴式终端以把握宠物的日常行为方式，并设置专用网站管理用户个人信息。进行完技术要素的检验与完善后，就到了最后一步，商业要素的检验。我们需要确认商业模式是否成立，并且进行对应的完善。

商业模式有两个完善步骤：①将完善后的创意反映到商业模式画布中；②检验商业模式画布中各个构成部分是否合理（见图 1–35）。

（1）将完善后的创意反映到商业模式画布中　体验与技术要素的完善，给试制阶段制成的商业模式画布带来了一定的改变。我们可以通过贴便签的方式体现这种改变。例如，用户细分这个要素的内容，就从"到医院接受诊断的患者"变为了"饲养宠物的人"及"养殖户、动物园、水族馆"等与动物打交道的人。同样，重要伙伴、价值主张、用户关系、渠道通路、成本结构、收入来源等也会发生相应的改变。

（1）将完善后的创意反映到商业模式画布当中

■：试制阶段制成的便签　　□：试行阶段增加的便签

（2）检验商业模式画布中各个构成部分是否合理

要点	检验要素
1）是否具有难以复制的独创性	· 关键业务
2）进行关键业务所需的重要伙伴、核心资源是否充足	· 关键业务与重要伙伴、关键业务与核心资源
3）价值主张是否与用户需要相契合	· 价值主张及用户细分
4）渠道通路是否与目标用户相匹配	· 渠道通路与用户细分
5）收支是否均衡	· 成本结构与收入来源

图1-35　商业模式的完善流程

（2）检验商业模式画布中各个构成部分是否合理　检验的要点一共有五个，分别是：①是否具有难以复制的独创性；②进行关键业务所需的重要伙伴、核心资源是否充足；③价值主张是否与用户需要相契合；④渠道通路是否与目标用户相匹配；⑤收支是否均衡。仔细检查每个要点对应的商业模式画布中的要素，并根据需要进行完善。

这一步完成之后，就可以基于新的创意（面向宠物的诊疗辅助服务）制作原型，并向用户进行采访、寻求反馈了。得到新的反馈意见后，再进一步完善创意，进行检验与修正。

本章从赋予意义到试行，介绍了设计思考的全部阶段。让我们通过设计思考抓住用户需求，催生无限创意，使这个世界变得更加美好吧！

总　结

1）在试行阶段中，需灵活运用原型，针对体验、技术、商业三个要素分别对创意进行检验与完善。

2）为检验创意向用户采访时，要围绕五个要点进行展开。

3）充分参考用户的反馈意见，大胆转换创意方向，积极进行改动。

第 2 章
实际应用技巧

2.1 赋予意义阶段的技巧

怎样获得真实的心声？动脑筋确定人选、选择最佳交流方式

第 1 章解说了设计思考中六个阶段（赋予意义、共感、定义、构思、试制、试行）的定位，以及各个阶段的操作方法。但是，即便了解每个阶段的流程与操作方法，也不一定能够灵活地运用。实际操作中会碰到很多设计思考的入门书与方法集没有涉及的障碍。如果不知道怎样解决这些障碍，项目就无法顺利进行。

因此本章将利用示例说明设计思考的项目中经常遇到的问题，并介绍一些技巧去避免或解决这些问题。下面将为大家介绍赋予意义阶段的技巧。

1. 技巧 1

选择相互信赖的伙伴开始项目

A 公司 IT 部门的开发组组长秋山收到了一封邮件，感到十分开心。

这封邮件是与秋山一同进公司的别所发来的。别所是事业策划部的成员，与秋山关系十分要好。

邮件的内容如下："我们打算利用 IT 技术开发一个新服务。但我对 IT 不是很熟悉，得请你给补补课啦。"

秋山和别所见面后，给他详细讲解了 AI 和 IoT 等 IT 相关知识及先进企业的真实案例。其实这些内容对于 IT 部门的成员来说只是最基础的内容，但别所却好像受益匪浅。他非常高兴，对秋山说："不如你也来参加这个项目吧。"

能参加新服务的策划项目是秋山求之不得的好事。秋山最近看书学习的"设计思考"，正是与新项目开发相关的。秋山正想大展身手呢，这个项目正好是个绝佳的尝试机会。他跟别所一说，就立刻获得了赞同。

并且，秋山的领导——课长千叶也给予了大力支持。他听秋山说了大概情况后，就当即表态——没问题。

正式开始项目之前，首先要成立项目小组。本次的小组成员是秋山和别所的顶头上司直接确定、指派的，有 IT 部的土井和事业策划部的江本、藤田，他们也分别是秋山和别所的下属。项目组组长是别所，会议推动者是秋山。

小组成立后，最初的工作是赋予意义阶段的确定理想。秋山首先发言："大家首先回顾一下之前做过的工作，我们要以此为基础确定理想。"

但除了别所，大家基本没有反应，只是面面相觑，谁也不肯开口表达看法。秋山实在没办法，只能一个接一个地询问，以了解大家的工作经历。即便这样，土井、江本、藤田也还是没有说什么深入的内容，只是大概进行了一下自我介绍而已。

气氛变得越来越沉闷。就连最开始很活跃的别所都不怎么发言了，不安地望向秋山。奇怪，为什么会这样呢？

赋予意义阶段首先进行的任务是"提供价值的确认"。回顾公司与部门以往进行的活动，从而确认一直以来提供的价值。

确认提供价值的时候，需要每位成员回顾自己的工作，再向其他成员进行说明。只有互相理解了对方做过什么工作、有什么样的价值观，才能够得出团队一致认可的理想。

但是，介绍自己的工作、共有价值观其实是件很困难的事情。很多人不愿意将自己的工作经历分享出来，因为他们会有不安与羞耻感。

特别是领导与下属同在一个项目组时，这种问题就更加严重了。就算秋山和别所觉得没什么，身为下属的土井、江本、藤田也会考虑到"会不会被威胁""会不会影响工资和升职"等问题。

如果项目组成员不能互相信赖、坦诚交谈，就完全不可能得出共同的理想。这也是最先遇到的障碍（见图 2-1）。

图 2-1 会议中听不到真实的声音

掌握"人事权"

为了避免上述障碍的发生，就要选择相互信赖的伙伴开始项目。项目组成员间的信任非常重要，如果能够选择意气相投、不拘上下级关系的伙伴组成团队的话，整个过程就会顺畅很多（见图 2-2）。

图 2-2　**选择相互信赖的伙伴开始项目**

这里重要的一点是掌握"人事权"，即自己选定团队成员。秋山和别所遇到问题的原因是，他们这个小组的其他成员全是由领导指派的，没能自己进行挑选。因此要尽可能自主地选择，团队成员应该是可以互相信赖的人，而且最好要对这个项目本身有兴趣。

选择同部门的下属其实是个很好的方法，平时经常一起工作，就更容易判断出这个人是否有能力开展任务。但是，从下属的角度来看，他们很可能会觉得不安，不敢与身为上司的你直说意见。因此一定要考虑好你们是否可以撇开上下级关系平等对话，再去邀请对方进组。

也许很多人会说，"我知道人事权很重要，但在现实中进行项目的时候，大多数情况下不是自己说了算"。确实，特别是 IT 服务公司的工程师去用户企业帮忙的时候，很难按照自己的想法确定项目组成员。

但不用担心，还有别的解决方法，可以为项目组成员打造一个"安全场所"。要让他们意识到，在这里可以畅所欲言、没有任何顾忌。具体方法有两个：

一是排除说真话可能带来的负面影响。一旦有影响前途的风险，大家就不愿意说出自己的看法了。我们可以在工作开始之前的见面会进行说明，有关项目的任何发言都不会对个人前途产生不好的影响。

二是明确强调项目的重要性。如果之前有相似的项目中途"流产"，而团队成员又不能看到上层领导这一次的决心，他们就会觉得"即便提了意见也没用"。为了防止这种情况的发生，可以请领导层亲自向团队成员传达"这是公司战略上十分重要的项目，请大家多多支持"。

2. 技巧 2

制作"个人简史"

秋山和别所成立了新的项目组。这一次的团队成员都是意气相投、交流起来没有顾忌的伙伴。

不出所望，每位成员都很积极地参与会议，将自己之前做过的活动进行了梳理与介绍。由此，团队成员了解了彼此的价值观。

接下来，终于到了讨论理想的时候。秋山按照书上的方法向团队成员提问："你想要为社会带来怎样的影响呢？"

这个时候，他自己突然呆住了："是啊，我想要为社会带来怎样的影响呢？"

秋山的想法很简单，就是帮助好朋友别所完成项目，并且借此为公司创收。但是这和想要为社会带来的影响完全不是一回事儿，他绞尽脑汁也想不出一个具体的答案。

团队成员一起回顾以往工作后，就要开始正题——探讨理想了。这里很容易出现"想不出自己的目标"的问题（见图 2-3）。

图 2-3　不知道自己的目标是什么

赋予意义阶段的目的就是确定理想、共有理想。如果不能从心底认同这个理想，那么自然也就没有动力去继续项目。因此一定要思考自己想通过这个项目达成的愿景，并以此为基础确定团队理想。

但是，很少有人能够时刻意识到自己的目标。大家每天忙着做各种日常工作，早就忘了思考这些。因此，需要好好下一番功夫。

五个工作表帮你认识自己

克服这个障碍的技巧是制作"个人简史"。个人简史也就是回忆自己从出生到现在的历史。为了做成这个简史，我推荐大家进行一个叫作"发现新的自己"（MeetupNewMe）的流程。

这个流程会用到五个工作表，分别是：①回顾个人简史；②重新确认自己的价值观；③盘点自己的资源与技能；④确认自己对社会、对未来的期待；⑤表明自己的目标（见图2-4）。

（1）回顾个人简史　主要用于梳理自己从出生到现在印象深刻的大事件。我们用折线图表示事件发生时的心情。将注意力集中到大事件上，重新回顾当时的情节与感受：什么时候会感到开心，什么时候会难过呢。

（2）重新确认自己的价值观　将这个折线图放在脑海里，把感到喜悦、憧憬的事情以及愿意花时间与金钱去做的事情写出来后，就能立刻知道自己真正在意的是什么。

（3）盘点自己的资源与技能

（4）确认自己对社会、对未来的期待

（5）表明自己的目标　将记录的自己在意的事情与价值观、资源与技能合并来看，就能立刻知道自己今后的目标。

工作表完成后，最好将其与团队成员共享，听听他们有什么意见与建议。这样既能够让工作伙伴们更加了解自己，偶尔还能够通过他们的反馈意识到自己没有明确出来的价值观。

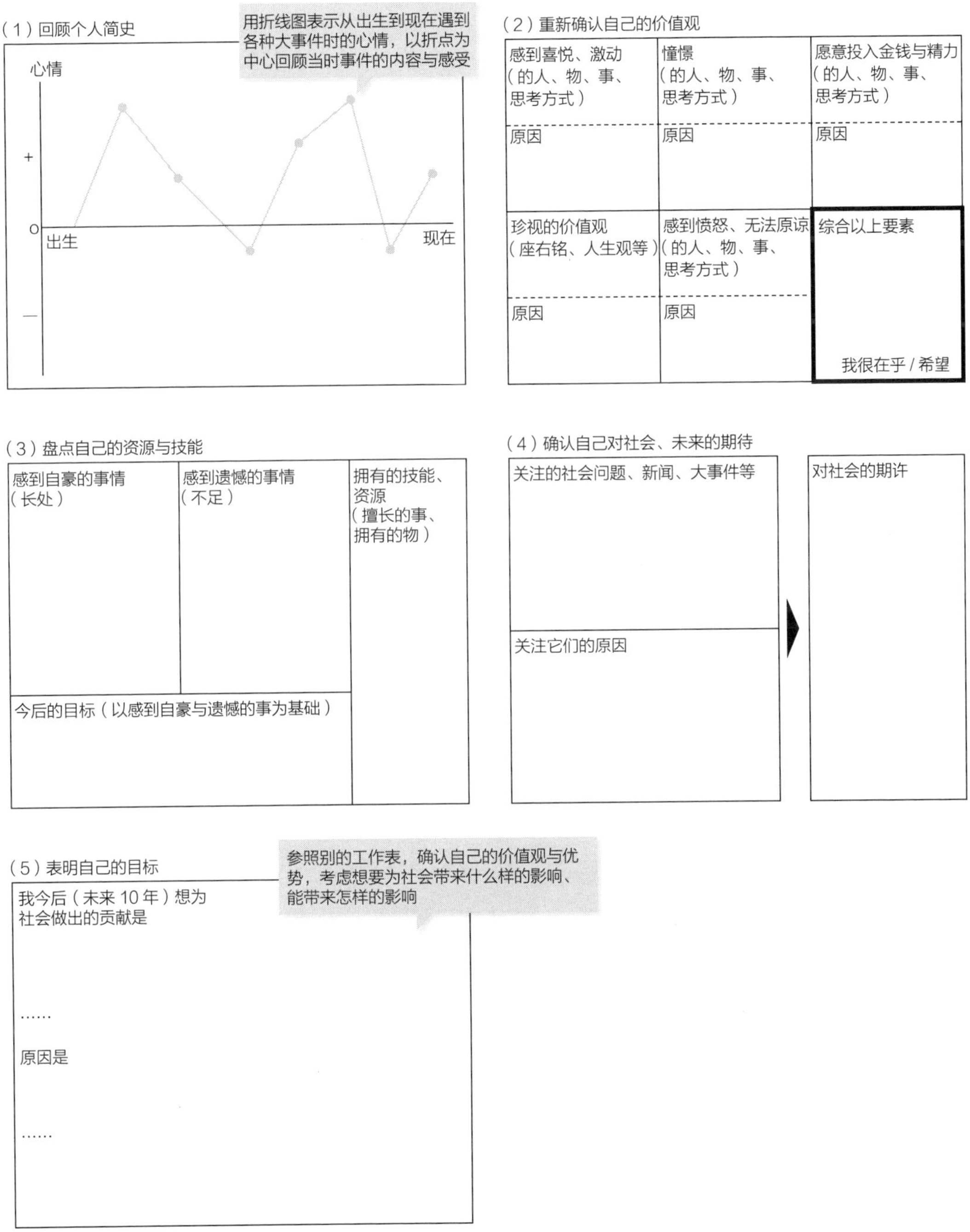

（1）回顾个人简历

用折线图表示从出生到现在遇到各种大事件时的心情，以折点为中心回顾当时事件的内容与感受

心情

+

O 出生　　　　　　　　　现在

—

（2）重新确认自己的价值观

感到喜悦、激动（的人、物、事、思考方式）	憧憬（的人、物、事、思考方式）	愿意投入金钱与精力（的人、物、事、思考方式）
原因	原因	原因
珍视的价值观（座右铭、人生观等）	感到愤怒、无法原谅（的人、物、事、思考方式）	综合以上要素
原因	原因	我很在乎 / 希望

（3）盘点自己的资源与技能

感到自豪的事情（长处）	感到遗憾的事情（不足）	拥有的技能、资源（擅长的事、拥有的物）
今后的目标（以感到自豪与遗憾的事为基础）		

（4）确认自己对社会、未来的期待

关注的社会问题、新闻、大事件等	对社会的期许
关注它们的原因	

▶

（5）表明自己的目标

参照别的工作表，确认自己的价值观与优势，考虑想要为社会带来什么样的影响、能带来怎样的影响

我今后（未来 10 年）想为社会做出的贡献是

……

原因是

……

图 2-4　**"发现新的自己"的工作表**

3. 技巧 3

在差异中发现共通之处

个人简史制作完成后,秋山所在项目组的成员都明确了自己的目标。秋山请大家分享自己的想法,想以此为基础确定项目组的团队理想。

团队成员很热烈地表明了自己的目标。最开始的时候,秋山很是欣慰。但是,很快他就一筹莫展了。每位成员的个性都过于强烈,他们的目标完全没有重合之处。

"意见太分散了……"别所也是非常困惑,"应该怎么统一大家的想法呢?"

大家提出的个人目标截然不同(见图 2-5)。这样的话,怎么都无法得到所有成员共同认可的团队理想。

图 2-5　团队成员的目标南辕北辙

我接受过很多 IT 项目组的咨询请求,遇到这个问题的占大多数。

这个时候如果强行确定一个理想，不仅今后的工作无法顺利进行，成员之间的关系还会出现裂痕。

在这种状况下，我们必须要认识到两点：

一是理想确定后也不是一成不变的，要灵活掌握。这里提到的理想，其实就是团队的努力方向。当用户的需求和商业大环境发生变化的时候，努力的方向自然也得随之调整。

二是项目组全体成员的价值观与行动方式并非都得保持一致。每一个人本来就是不同的。只要愿意互相了解，能够齐心协力合作完成任务就可以。因此，我们制定共同理想，不是要成员勉强接受某一观点，而是要尽量包含每个人的想法。

将具体想法抽象化，发现共同点

想要确定团队理想，最有效的方法就是"求同存异"。

意见得不到统一，多半是因为不了解对方的问题与价值观。而这些正是每个人意见的来源。因此这个时候，我们要找到各个成员意见的不同之处，去进一步询问"这样想的原因是什么呢"。询问的目的，就是详细把握每个人的问题与价值观。

之前大家介绍过自己的个人简史，互相之间已有一定的了解。但这里询问每个人的想法也并不是无用功，它会进一步深化成员之间的理解。

就算每个人的目标都不一样，但询问其背后的原因之后我们也会发现，是可以在问题及价值观的抽象层面寻求到共通点的（见图 2-6）。当我们找到了这样的共通点，团队理想也就随之出现了。

例如，在问题有共通之处的情况下，解决这个问题就成了团队理想。"交通事故频发"是问题，则"降低交通事故的发生"就是团队理想。

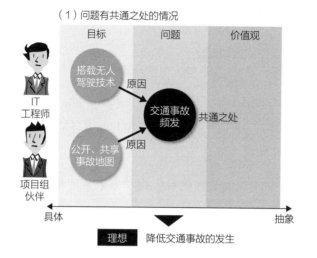

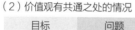

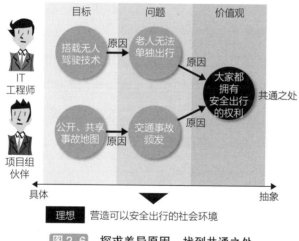

图 2-6　探求差异原因，找到共通之处

　　而问题不同的时候，需要进一步探寻原因，发现背后的价值观。如果价值观层面有共通之处，就可以得出反映价值观的团队理想。若共通的价值观为"大家都拥有安全出行的权利"，则对应的团队理想就是

"营造可以安全出行的社会环境"。

如果从价值观层面也找不到共通之处，可以回过头来考虑"为什么我们可以进入同一个项目组"。这个原因其实就是共通的价值观。根据它来确定团队理想是完全可以的。

最后，再次强调赋予意义阶段最为重要的任务，即以每位成员的真实想法为基础进行探讨。不能代表成员真实想法的团队理想是起不到任何作用的。只有营造出令项目组全体成员敞开心扉的环境，互相聆听、互相理解，才能够迈向成功。

> 总结
>
> 　1）在确认提供价值的任务中，要从选择相互信赖的伙伴开始项目，这样便于团队成员敞开心扉。
>
> 　2）在探讨团队理想的任务中，可以通过制作个人简史去确定团队成员的目标。
>
> 　3）如果团队成员间的想法截然不同，则需要在差异中寻找共通之处。

2.2　共感阶段的技巧

利用周围人脉，注意询问方式与顺序

共感阶段的目的是理解新体验的目标用户的想法，以实现共感。为了达到这一目的，需要抛弃先入为主的观念，到实地去仔细观察，并且对用户进行深入的采访。或者去直接、亲身感受用户所处的环境，以便把握现场的实际情况与用户的价值观。

这一阶段在实际操作过程中会有几个主要的障碍。下面将为大家介绍这几个障碍以及它们的解决方法。

1. 技巧 1

请熟人帮忙

A 公司 IT 部门的秋山和事业策划部门的别所等人组成了项目小组，旨在开发一个运用 IT 技术的新服务。他们在讨论项目时采用了设计思考的方法。到目前为止，已经确定了团队理想，为新服务的发展方向提

供了思路。并以此为基础，确定了服务主题——看护。

身为会议推动者的秋山对其他成员说明下一步工作："接下来是共感阶段。在这个阶段中，我们要进行实地观察，对目标用户进行深入采访，以期理解他们的想法。"

"怎么确定观察哪些目标用户呢"，别所问道。

"咱们得先确定提供价值的对象"，秋山回答。

团队成员商讨的结果是，将为老人及残障人士提供服务的看护师确定为提供价值的对象。

别所说："那咱们可以到这些看护师工作的地方观察，并对他们进行深入采访。"

秋山点点头，说："最好能够找到一些专业的看护师。设计思考的书上说，要选择最具代表性的对象，这样能够获得更多的有效信息。"

他的话音刚落，就有一位成员举手提问："看护设施也有很多种，而且每类看护设施的入住人群都有差别。选择在哪类设施中工作的看护师比较好呢？"

秋山也深以为然："是啊，哪类比较好呢……"

其他成员也依次表达了自己的看法：

"想找专业的看护师的话，是不是需要前期调查？"

"可咱们的预算里并没有包括前期调查啊。"

"那怎么办呢？"

"而且就算运气好，找到了专业的看护师，人家也不一定能让咱们去实地调查。"

"确实。毕竟人家也得顾虑到自己设施的入住人及入住人亲属的隐私问题。"

"就算必须得进行实地观察，是不是等服务内容的基本原型做出来再去比较好？"

"不行吧。如果不去现场观察和深入采访的话，根本就不可能确定服务内容啊！"

虽然秋山一直在努力控制会议走向，但大家的分歧还是层出不穷。别所一脸愁容，求助地望向秋山。

共感阶段最先碰到的问题是怎样确定实地观察的场所及深入采访的对象。有关设计思考的书中往往会介绍说，选择有代表性的目标用户会获得更多有价值的信息。

因此秋山向团队成员提议去采访专业的看护师，但是却因为找不到合适的对象、没有调查经费等原因而放弃了。而且还出现了更严重的质疑——可能根本就得不到实地观察的允许（见图 2-7）。

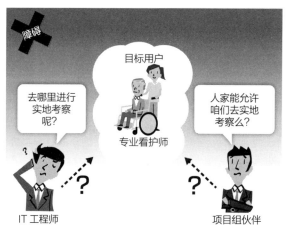

图 2-7 找不到目标用户，无法进行实地观察

其实之前也有很多人问我类似的问题，比如"找不到符合条件的目标用户""想进行前期调查以确认合适的采访对象，却没有相应的预算"等。

这个问题解决起来其实很简单，它的方法就是托熟人帮忙。问问周围的熟人，有没有谁认识看护师或者认识在看护设施中工作的人。多问几个人，八成就有眉目了。就算自己的熟人都不认识，熟人的熟人没准儿就能认识。通过熟人的熟人解决问题，也是一个很好的方法。

可能会有人觉得用这样的方式不一定能找到符合预期要求的采访对象。但其实没有必要过分纠结，不论结果如何，可以先试着去谈一谈，也许就能得到很多收获。

可能有人会担心对方不接受采访，但这也是杞人忧天。可以摆脱正式工作的限制，采取私下随便聊聊的形式，也就是"游击式"交谈，一定会有很多人答应配合的。另外，虽然实地考察可能会受到隐私保护等限制，没那么容易实现，但是多多尝试，总会有愿意提供帮助的人。

深入采访和实地观察一旦取得一次成功，之后再寻找目标用户就会得心应手很多。我们可以整理已经得到的采访与观察成果，发现有疑问的地方，并思考接下来寻找什么样的用户将有助于解决这些疑问。利用设计思考进行项目时，就是要这样不断重复地进行同一个任务。

将自己想象为目标用户，进行模拟体验

除了拜托熟人帮忙，还有其他游击式调查方法（见图 2-8）。例如，当要进行实地观察的时候，去看看有没有公开的活动可以参加。

还可以通过推特、脸书、照片墙、领英等社交媒体寻找相关人员，并且取得联系。如果是针对用户个人提供的服务，那么这种方法会尤为

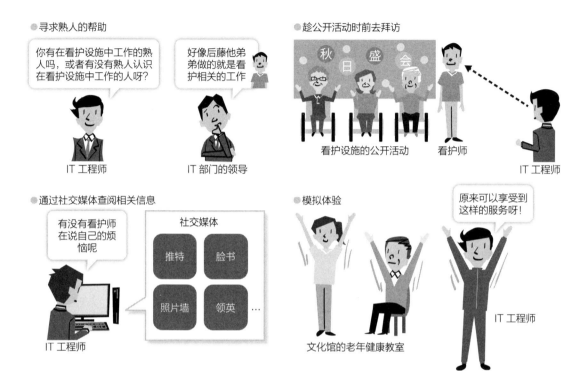

图 2-8　游击式调查方法

奏效（针对用户个人提供的服务与针对公司等群体提供的服务不同，没有其他手段比线上更能直接定位到用户个人）。

最后还有一个更为简单的方法，就是将自己想象成目标用户，去体验他们正在利用的服务。例如，如果想开发面向老年人的独居保障服务，就可以到公共部门开设的老年健康教室，体验一下那里提供的服务大概是什么样的。虽然这样不如直接采访用户得到的信息充足，但也能够通过亲身体验了解到老年人平时接触到的信息、享受的服务以及需要的帮助等。

2. 技巧2

采用"4W1H"的方法进行采访

秋山所在项目组通过千叶（秋山的领导）的介绍，找到了看护设施运营公司的职员后藤。他们把团队的理想一说，立刻引发了后藤的共鸣。在后藤的帮助下，秋山所在项目组得以对看护设施进行实地观察，并且对看护师进行了深度采访。

项目组的成员想，这是个来之不易的机会，绝对不能浪费。于是他们下了大力气做准备，提前到看护设施网站上查阅了它的主要服务内容及特征，还整理出了实地观察要点和问题清单。

这样充分的准备发挥出良好的效果了么？至少秋山个人认为实地观察和采访都进行得很顺利。

"我们听说会有很多老人在厕所摔倒，贵院也发生过类似的事情吗？"

看护师点头："是的。我们这儿以前也发生过这样的事情，所以现在大家都十分注意。你们调查得很全面嘛。"

项目组按照问题清单进行采访后，感到整个流程十分顺畅。然而，回到公司后，却发现了巨大的问题——"完全没有了解到对方的想法与价值理念"。

设计思考的教科书都会强调，不能有先入为主的观念，要客观地进行观察，与用户实现共感。秋山他们自以为理解了这段话的意思，但事实上他们通过采访得到的只有一些最基础的信息及对技术性问题的简单反馈，并没能实现共感。

进行实地观察与深入采访时，要放下自己先入为主的观念，客观记录，询问用户的想法与价值观。从用户的角度看问题，也许能够有新的发现。

但是，想要做到放下先入为主的观念、客观记录是非常困难的（见图 2-9）。特别是深入采访，它需要进行很多前期准备工作，包括营造舒适的对话环境、准备问题清单等。

图 2-9　采访时无法得到对方的深层想法

如果深入采访没能达成预期目的，主要考虑到的原因有以下四点：①一见面就开始问问题；②被访用户的领导在侧旁听；③否定对方的看法；④全是假设验证式的问题（见图 2-10）。前三个原因是营造对话环境的失败，最后一个原因则是准备问题的失败。

图2-10　深入采访失败的主要原因

（1）搭建舒适的对话环境

1）一见面就开始问问题，不加寒暄、直奔主题的话，这会使被访用户产生不必要的紧张感与警惕心。就算是非正式的采访，被访用户也很容易怀疑采访的目的，产生不安感。因此最开始的时候，一定要清楚地说明来意，消除被访用户的紧张感和警惕心。

2）被访用户的领导在侧旁听，也会引起被访用户的警惕意识。有领导在场的时候，大家都会变得拘谨，不利于得到有实际价值的信息。

3）否定对方的看法，这会令被访用户失去交流的积极性。因为他们会觉得，自己的想法一直被否定，分享出来也没有意义。

4）全是假设验证式的问题，指的是向对方确认自己推测的问题。

例如"被护理的老人是否对这个问题感到困扰呢""用这个技术能行得通吗"等。如果一直基于己方推测的问题进行采访，就很难从对方的回答中获得新的灵感。

以看护服务中的实际场景为例，"一般来说，有看护服务需求的区域都是居民区吧"等类似的问题，全部都是假设验证式问题。它是基于"有看护服务需求的区域应该是居民区"这一假设而产生的问题。同样，"浴室和卫生间导入自动化功能后，您希望能带来哪些改观呢"等问题也都是失败的。虽然看起来像是开放性提问，但却带入了"自动化功能一定会为浴室和卫生间带来改观"的前提。

有的 IT 工程师服务意识很强，一直在思考通过什么样的技术才能解决用户的问题。可越是这种 IT 工程师，就越容易提出假设验证式的问题。他们往往会提前建立假设——"这种方法应该可以解决问题吧"，不知不觉中就养成了验证式的提问习惯。

即便心里明白不能将自己的假设带入问题中，IT 工程师也很容易在实际操作过程中回归惯常的思维方式，让话题朝向自己的想法。因此在准备问题的时候，一定要多加注意，绝不能混入自己的想法。

（2）获取基本信息，进而定制问题　那么，怎样才能抛弃自己的假设，进行有效的询问呢？我推荐大家采用"4W1H"的方法。

大家应该都听说过"5W1H"（When，时间；Where，地点；Who，谁；What，什么；Why，为什么；How，怎么）。"4W1H"就是在此基础上，去掉为什么，指时间、地点、谁、什么、怎么。去掉为什么的原因将会在后文进行说明。

利用"4W1H"，就能提出开放性问题，使得答案不再局限于是和否。

这能有效开阔被访用户自由回答的空间。

特别是询问想法与价值观的时候，能够看出明显的效果。例如，如果问"你觉得看护工作有价值与意义么"，那只能得到是或否的回答；而问"你什么时候会感到看护工作的意义呢"，则能够了解到被访用户的具体想法。

但是，即便采用"4W1H"的方法，也必须要考虑到对方的心情，循序渐进。想要了解到被访用户的价值观与真实想法，就得先拉近关系、加深彼此的信任，营造可以令对方安心倾诉的环境。为了加深信任、拉近关系，则要精心规划问题的顺序。

具体来说，要先了解到被访用户的基本信息，再循序渐进地引导出其想法与价值观（见图 2-11）。最开始可以询问每天的工作流程或个别工作的内容，以便获取基本信息。例如，夜间看护工作是怎样进行的呢？

被访用户回答的过程中会出现很多有意思的地方，这个时候要进行附和——"是这样啊""真有意思"等。重要的是表达出自己在认真倾听，这样对方就能安心地说下去了。

基本信息了解得差不多之后，就可以询问其想法与价值观了。例如，查房的时候有没有什么比较在意的事情呢？

这样的询问顺序有助于建立信任关系，也符合人类的记忆特点。从人的认知特点来说，回忆具体场景有助于重现当时的想法。因此我们先获取具体场景的信息，再进一步询问被访用户的想法与价值观。

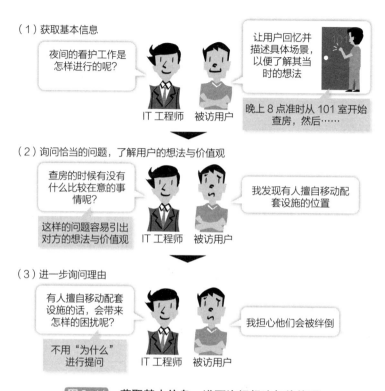

（1）获取基本信息

夜间的看护工作是怎样进行的呢？

让用户回忆并描述具体场景，以便了解其当时的想法

IT 工程师　被访用户

晚上 8 点准时从 101 室开始查房，然后……

（2）询问恰当的问题，了解用户的想法与价值观

查房的时候有没有什么比较在意的事情呢？

这样的问题容易引出对方的想法与价值观

IT 工程师　被访用户

我发现有人擅自移动配套设施的位置

（3）进一步询问理由

有人擅自移动配套设施的话，会带来怎样的困扰呢？

不用"为什么"进行提问

IT 工程师　被访用户

我担心他们会被绊倒

图 2-11　获取基本信息，进而询问想法与价值观

进一步询问理由，但不询问为什么

　　了解到被访用户的想法之后，要进一步询问想法背后的理由。理由也明确之后，就能了解到对方的价值观了。

　　但是，在询问理由的时候，如果使用"为什么"，如"为什么会感到困扰呢""为什么要那么做呢"，就有些兴师问罪的感觉，会令对方感到不快，接下来的采访也就无法顺利进行了。当然，很多人并不在意这些细节，但还是注意一下比较好。

　　现在，我们知道提取出"4W1H"而不用"为什么"的原因了。

其实我们可以用"4W1H"代替"为什么"进行提问,例如"是基于什么考虑才这么做的呢""这份工作有意义的原因是什么呢"等(见图 2-12)。并且,最好能在深入采访前告诉被访用户询问理由的问题会比较多,这样对方能够有心理准备,更加万无一失。

最后再次强调,共感阶段最重要的就是从用户的角度理解问题。我们这里提到了两个技巧,请大家灵活应用。

4W1H	询问基本情况的示例	询问想法及价值观的示例
时间	·什么时候进行看护呢	·什么时候能感到工作的意义呢
地点	·在哪进行看护呢	·这份工作的要点是什么呢
谁	·是谁负责这项工作呢	·没有这项服务的话,会给谁带来困扰呢
什么	·在这里做什么呢	·是基于什么考虑才这么做呢 ·这份工作有意义的原因是什么呢
怎么	·看护工作怎样进行呢	·你希望这个情况得到怎样的改善呢

图 2-12 应用"4W1H"的问题示例

> **总 结**
>
> 1)采用"游击式"方法寻找被访用户,如拜托熟人介绍等。
>
> 2)采用"4W1H"的方法进行提问,避免夹杂进自己的想法。

2.3 定义阶段的技巧

回到现场获取未知信息，全面、深入把握问题的构造

定义阶段的目的是确认团队课题。以实地观察与深入采访得到的信息为基础，找到令用户感到困扰的真正的问题，进而确定团队的课题。为了发现真正的问题，我们常用的方法是问题构造分析。

除此之外还有一项任务，即明确具有代表性的目标用户。这一步常用的方法则是构造"人物像"。下面将为大家介绍运用这些方法时常见的障碍或问题，以及解决这些障碍的方法。

1. 技巧 1

回到实地进行确认

A 公司 IT 部门的秋山及事业策划部的别所等人计划推出一项利用 IT 技术的新服务，目标用户是看护师。他们采用了设计思考的方法，在共感阶段完成了看护设施的实地考察与对看护师的深入采访，并将获

得的信息记录到了便签上。

接下来要进行的是定义阶段。此阶段的任务是确认团队的课题，非常重要。他们依据之前的记录进行问题构造分析，以明确看护师工作中的"表象事件"、引起表象的"构造"以及构造背后的"意识"。

秋山作为推动者首先发言："首先挑选出感兴趣的内容吧。别所你觉得哪个比较有意思呢？"

"嗯，这个吧"，别所说着，从道林纸上揭下一个便签递给了秋山。

秋山拿到便签后说："那就分析一下这个便签内容的问题构造吧。这是看护设施中实际存在的现象，我们需要找到它背后的内因及其中人的意识。之前实地观察和深入采访的结果里有没有线索呢？"

"之前采访的时候好像提到了原因"，一位团队成员边说边揭下另一个便签。

整个过程进行得很顺利。有很多对应表象事件与构造的便签，而且之间的逻辑联系得非常紧密。

但是，准备进一步匹配意识时，所有人的动作都停住了。他们发现，基本没有与意识对应的便签。

别所有些犯愁："真是棘手，咱们的采访还是进行得不到位。"

"那接下来怎么办呢？"组内成员向秋山发问，但秋山也不能给出答复。他之前读的书里面，完全没有提到会出现这种情况。

"本来想着靠这些便签就能够进行全面分析的"，秋山开始烦恼了。

秋山等人为了发掘隐藏的真正问题，开始进行问题构造分析。他们采取的思路是从实地观察与采访中得到的表象事件出发，逐渐深入探寻问题。这个想法非常好，出现障碍的原因是上个阶段收集的信息不够充分（见图 2-13）。

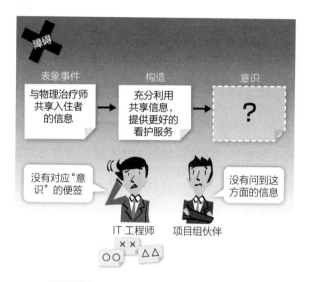

图 2-13 用于分析问题构造的信息不足

其实，在没有习惯设计思考的方法前，问题构造分析是个非常困难的事情。大部分情况下都无法通过一次实地观察与深入采访就获取到充足的信息。

意识层面的信息太过深入，被忘掉的可能性非常大。而且往往会像秋山他们一样，到了分析阶段才能够察觉到。这样就会造成信息缺失、无法继续进行的局面。

解决这个障碍的方法很简单——回到现场进行二次考察。进行问题构造分析时，我们能够意识到缺失什么样的信息。这个时候只要再回到实地进行收集即可。虽然这个方法听起来理所当然，但实际操作时往往会被大家忽略。

究其原因，是怕给用户带来过多困扰。但是不要考虑太多，将实际情况说出来，大多时候都能获得用户的理解与配合（见图 2-14）。如果时间和预算方面确实比较紧张，也可以通过电话或邮件进行确认。

将自己想象成用户，进行合理推断

当然，被访用户工作繁忙、实在无法进行问题确认的情况也是有的。这个时候，我们就得靠合理推断来推动进程。

共感阶段中提到，不能带着自己的假设进行采访，这样会带入先入为主的观念，导致难以注意到用户的真实想法。因此肯定会有人质疑，觉得定义阶段更不可以自行进行假设与猜想。

确实，随随便便进行猜想是不好的行为。但是，我们可以根据共感阶段得到的实际信息，进行一定程度的合理推断。这种合理推断同随意猜想是不一样的，它有一定的事实作为依据。

秘诀是，要仔细回忆采访对象的细节，将自己想象成用户；并从其他便签上挖掘线索，进行推断。如 "既然用户这么做的话，那么他一定希望……""采访时这么说的话，那一定是觉得……" 等。

分析、推断完毕后，再整体确认一下逻辑是否合理，看看表象事件和构造、构造和意识之间的关系是否合理。如果逻辑没问题，那么推断的可信度就很高。但即便是这样，也必须时刻意识到这只是我们猜测出来的结论。可信度再高，也不一定是正确答案。所以在试行阶段再访实地的时候，一定要向用户进行确认。

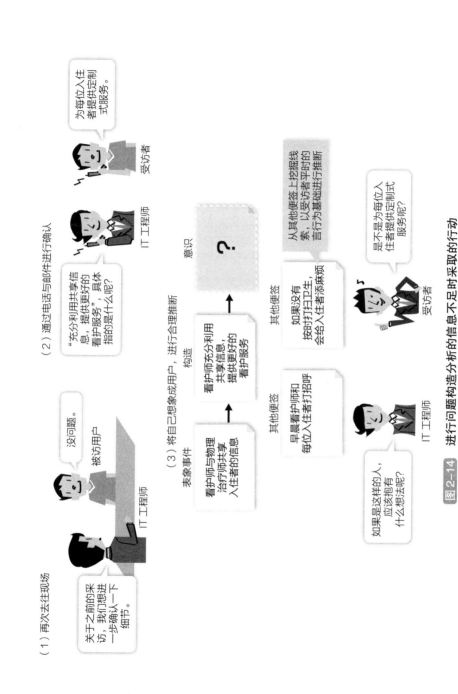

图2-14 进行问题构造分析的信息不足时采取的行动

2. 技巧 2

平行分析表象事件和构造

秋山所在项目组的成员对每个表象事件分别进行了分析，整理了它们的构造及意识。可是，他们却完全开心不起来，因为没能发现真正的问题。

秋山缓缓开口："看护师同时照顾太多入住者，和每位入住者的交流时间不够充足，这是一个问题。另外，我们也了解到看护师希望能够为每位入住者提供定制式服务。但是，总感觉这中间缺了点儿什么。"

别所还有其他几位伙伴表示赞同，但也有几位伙伴没明白是什么意思："就算您说的是实情，可是我们已经没有便签记录了，应该怎么办呢""确实没有解决问题的突破口了"。

整个项目团队被沉闷的空气包围着……

分析了问题的构造，却依然找不到真正的问题（见图 2-15），这样的情况其实很常见。秋山他们就很典型，看到的都是老调常谈或根本无法解决的问题。

问题构造分析没能发现关键的问题时应采用"平行分析表象事件和构造"的方法。平行分析指的是同时观察不同表象事件，以期发现它们之间的共通点、关联性或者是矛盾之处。换句话说，就是俯瞰（全面观察）所有表象事件与构造。

俯瞰所有表象事件与构造时，可以得到与单独分析不同的结论。表象事件越多，我们就越要意识到俯瞰全局的重要性。

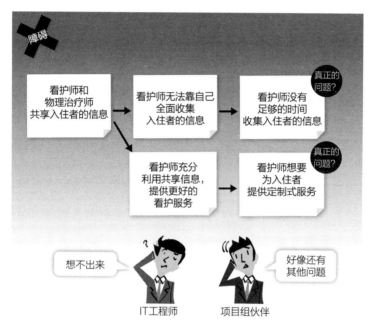

图 2-15　进行问题构造分析后，没能找到真正的问题

这样，我们就能够比较容易地发现表象事件间的矛盾之处。例如，描述看护师之间共享信息的便签中，既有肯定意义的内容——"看护师充分利用共享信息，提供更好的看护服务"，又有否定意义的内容——"看护师有的时候会觉得其他同事写的信息不太符合实际情况"（见图 2-16）。

容易被忽略的构造与意识背后，往往隐藏着真正的问题

找到这样的矛盾之处后，就可以结合实地观察与深入采访的信息进行思考——为什么会出现这样的矛盾。图 2-16 的示例中，最关键的构造是"对入住者状态等的判断，会根据看护师的个人经验而变化"。那

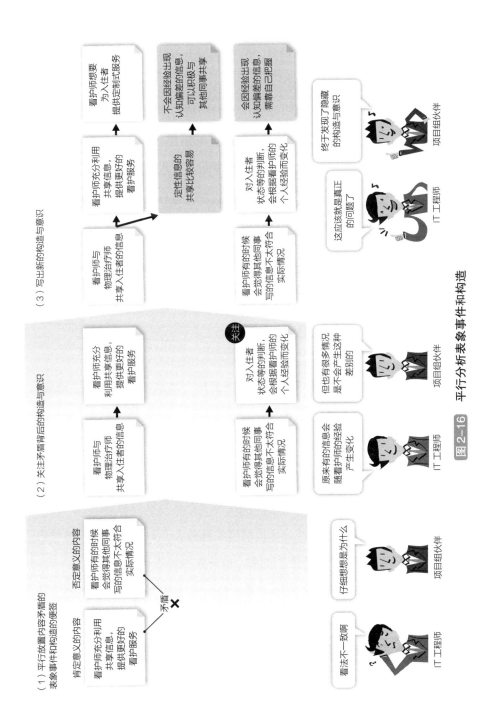

图 2-16 平行分析表象事件和构造

么反过来我们可以想到，也会有一些情况是不会随着看护师的个人经验而变化的。

有了这个想法，我们就可以得出新的构造与意识。比如"定性信息的共享比较容易""会因经验出现认知偏差的信息，需靠自己把握"等。像这样，之前分析中没能发现的构造都逐渐浮出水面。

而新的构造明确以后，它背后隐藏的意识也自然就清晰了。根据我个人的经验，这个隐藏的意识往往就是真正的问题所在。因为它常常被人忽略，从未得到解决。

3. 技巧 3

将被访用户作为原型

项目组成功发现了真正的问题，并且结合团队理想，确定了课题。秋山又充满了干劲：

"好嘞！接下来咱们就可以明确目标用户，建立人物像了！"

"就好像描绘故事中的出场人物一样"，别所也很兴奋。

"职业当然是看护师"，秋山立刻开始添加人物像的属性。

别所也拿起了笔，边写边说："刚刚发现的真正的问题，就是用户的困惑"。但是，笔尖却很快停了下来，别所露出疑惑的表情。

"困惑大概就是这样了，可是其他特征怎么确定呢？比如年龄、性别等。"

秋山也不知道怎么办才好。

"确实，设定为男性还是女性比较好呢。而且看护师的年龄从

20 ～ 60 岁不等啊。另外还有兴趣爱好等也得确定。人物像肯定是越具象越好，但怎么设定比较好呢……"

我在做人物像相关的咨询服务时，经常碰到两个问题（见图 2-17）：一是怎样进行人物像的具象化，二是具象到什么程度比较好。如果没有弄清楚这两个问题，就容易和秋山他们一样陷入僵局。

图 2-17　描绘不出具体的人物像

不熟悉设计思考时，确实很难知道从哪里入手制作人物像。但其实，我们并不能全凭想象进行制作。因为这样会向有利于自己课题的方向靠拢，制作出现实中完全不可能存在的人物像。其结果是，试行阶段找不到对应的用户获取反馈，即便推出服务也没有对应的用户群体。

描绘具有现实意义的人物像

这个时候可采用的方法是以采访对象为原型进行描绘。也就是从共感阶段中的被访用户中，挑选意识到真正问题的用户作为原型（见图 2-18）。

（1）选择意识到真正问题的用户作为人物像原型

问题意识较强
的被访用户

被访用户

本田宽子
女
×× 岁
职业：看护师
年收入：×× 万元
家庭成员：丈夫（35 岁）
性格：开朗、与人为善；能够从工作
中获取自豪感
困扰：有一些因经验出现认知偏差的
信息，需要自己把握。但时间
不够用，与每位入住者的直接
交流过少

人物像

姓名：市川裕子
性别：女
年龄：32 岁
职业：看护师
年收入：×× 万元
家庭成员：丈夫（35 岁）
性格：开朗、与人为善；能够从工作
中获取自豪感
困扰：有一些因经验出现认知偏差的
信息，需要自己把握。但时间
不够用，与每位入住者的直接
交流过少

（2）参考其他被访用户的共同要素，进行补充

其他被访用户

被访用户的共同要素

换班制工作，休息日不
定，每周两天

补充要素

姓名：市川裕子
性别：女
年龄：32 岁
职业：看护师
年收入：×× 万元
家庭成员：丈夫（35 岁）
性格：开朗、与人为善；能够从工作
中获取自豪感
困扰：有一些因经验出现认知偏差的
信息，需要自己把握。但时间
不够用，与每位入住者的直接
交流过少
工作制：换班制工作，休息日不定，
每周两天

图 2-18 以被访用户为原型

将被访用户作为原型的话，很容易就能回想起相关细节，人物像的搭建也就不那么困难了。可以将被访用户的基本信息、困惑及价值观等作为基础，去设定人物像。

如果还有一些不充分的要素待补全的话，则可以参考其他受访者的信息，特别是他们之间的共同点。例如，工作制这类属性化的内容，很容易通过其他受访者的基本信息进行补充。

想要让完成的人物像在后续的构思阶段中发挥作用，最关键的一点是增强它的现实性。因为现实性越强，就越能激发出有实际意义的创意，所以一定要以实际存在的人物为基础进行人物像的描绘。

> **总结**
>
> 1）缺失必要信息时，回到现场进行二次考察。
>
> 2）问题构造分析没能发现真正的问题时，平行分析表象事件和构造。
>
> 3）描绘人物像时，以被访用户为原型。

2.4 构思阶段的技巧

好的问题催生好的创意，困扰时要向用户求助

构思阶段的目的是思考解决问题的服务创意。全体成员都要努力思考创意，再将这些创意进行整合并用画表示出来，制成"服务概念"；并进一步从服务概念中选取团队感兴趣的部分，形成"服务选单"。而服务选单是后续试制阶段的基础。

接下来为大家介绍构思阶段容易遇到的问题，以及解决它们的技巧。

1. 技巧 1

进行头脑风暴，找到突破口

A 公司 IT 部门的秋山和事业策划部门的别所等人组成了项目组，旨在开发一个运用 IT 技术的新服务，目标群体是看护师。

目前，他们已经对看护设施开展了实地考察，并且对看护师进行了深入采访。并以此为基础，进行了问题构造分析，发现了看护师没察觉

到的深层构造与意识。项目组成员俯瞰这些构造与意识的全貌，精准定位了真正的问题。

从真正的问题出发，他们确定了团队课题。课题的具体内容是让看护设施的看护师与入住者进行充分的交流对话，以打造相互信赖的关系。

现在进入了构思阶段，任务是思考创意、解决课题。全部项目组成员，以及对这个服务感兴趣的看护师，全都聚在一起开始头脑风暴。

在头脑风暴开始之前，秋山一度担心大家想不到创意，但实际上却进行得格外顺利，很多参与者都提出了自己的见解。会议告一段落后，秋山被幸福的疲惫感包围着。

"谢谢大家！今天真的收获了很多创意。"秋山说完后，很多人都点头表示同感。但有一个人，却好像在独自思考着什么。

这个人就是秋山的领导千叶。千叶看了看大家，说："真的是得到了很多的创意啊！但我可能得给大家泼个冷水。"

在秋山的催促之下，千叶继续说了下去："感觉大家提出的建议都是一个意思——为了增加交流时间，去减轻看护师的工作量。难道就没有别的解决方式了么？"

欢快的气氛一下子沉闷了下来，大家边叹气边点头。

别所表示赞同："正如您所说的，大部分创意都把重点放到了减轻看护师工作量上，却基本没有方法是用来促进双方交流的，其他方面更是提都没提。"

"真的是这样，之前完全没有注意到。"大家也纷纷说道。

"是哪里出了问题呢"，秋山不知道怎么办才好，开始冥思苦想。

秋山所在的项目组为了提出创意解决课题，进行了头脑风暴。表面上看起来很顺利，得到了不少创意，但其实这些创意很片面（见图2-19），大部分都是针对减轻看护师工作负担的内容，基本没涉及其他方面。

图2-19　创意太片面

出现这个障碍的原因是，团队课题确定之后，就直接开始思考创意了。课题是定义阶段中通过俯瞰构造与意识的全貌得出的成果。它的抽象度非常高，不适合用做思考创意的出发点（见图2-20）。

秋山等人确定的课题也是这样："看护设施的看护师与入住者进行充分的交流对话，以打造相互信赖的关系"，这个课题是从定义阶段分析出的若干个构造、意识中，提取出"看护工作需要看护师和入住者的协调合作""想要双方更好地协调合作，重要的是通过交流构建信任关系"的要点。也就是说，这两个要点背后蕴含着很多突破方向。只不过因为它们太过抽象，我们很难发现罢了。参加了共感阶段的成员即便不借

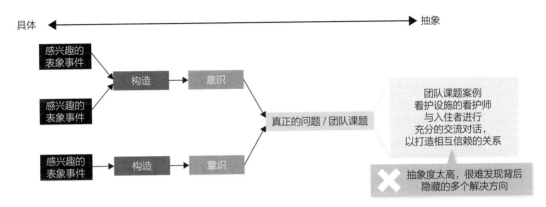

图 2-20　团队课题不适合作为思考创意的出发点

助具体的突破方向，也能在一定程度上提出自己的创意。因为他们已经有了实地观察和深入采访时了解到的基本信息。但是我们也提到，突破方向有很多个，具体从哪个方向思考创意，就只能凭团队成员的直觉了。因此，很容易出现这样的情况，即有些成员提出的创意全部瞄准"减轻看护师的工作负担"，而有些成员的解决方向限定在了"促进双方交流对话"。像秋山的项目组一样，所有成员不一而同地围绕某个要点展开创意的情况也很常见。所以，凭成员的直觉想问题的话，就会有创意片面化的风险。

考虑解决方法前，先梳理解决方向

这里给大家推荐一个方法，即"课题突破口的头脑风暴"。它的具体任务是进行头脑风暴，以发现课题的突破口。

通过头脑风暴整理出各种各样的突破口后，就能够看到团队课题的全貌了，也就更容易掌握所有解决问题的方向（见图 2-21）。而且，将具体的突破口可视化，也更有利于团队成员进行服务创意。

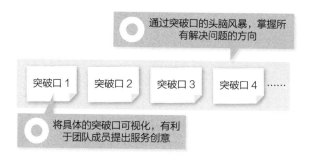

图 2-21 整理解决课题的突破口

突破口的头脑风暴有很多执行方式，最简单的就是每个人提出自己的见解，进行共享。这里介绍另外一种方法——综合团队课题与构造意识，我们以秋山项目组的例子进行具体说明（见图 2-22）。

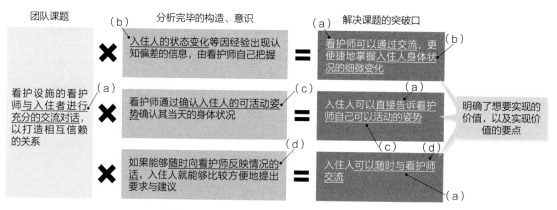

图 2-22 综合团队课题与构造、意识

我们先看看秋山项目组的团队课题。前面也多次提到，团队课题就是"看护设施的看护师与入住者进行充分的交流对话，以打造相互信赖的关系"。

这个课题是通过问题构造分析得出的，而问题构造分析的主要工作是整理构造与意识。我们在突破口的头脑风暴中，需要再次用到这些构造与意识，也就是图 2-22 中的"入住人的状态变化等因经验出现认知偏差的信息，由看护师自己把握""看护师通过确认入住人的可活动姿势确认其当天的身体状况""如果能够随时同看护师反映情况的话，入住人就能够比较方便地提出要求与建议"。

将这三个构造、意识与团队课题放到一起观察，就可以发现，团队课题中有构造意识中没有提到的内容。图 2-22 的示例中，团队课题的"看护设施的看护师与入住者进行充分的交流对话"，就是构造意识没有涉及的内容。

我们将它同构造、意识相综合，就能够得到解决课题的突破口。例如，与"入住人的状态变化"综合后，就得到了"看护师可以通过交流，更便捷地掌握入住人身体状况的细微变化"的突破口。

同样，与"确认入住人的可活动姿势"综合后，可以得到"入住人可以直接告诉看护师自己可以活动的姿势"这个突破口。与"随时向看护师反映情况"结合后，则可得到"入住人可以随时与看护师交流"的突破口。

利用以上方法，可以得到多样化的突破口。这些突破口既具有团队课题的目标价值，又符合实际情况下的构造与意识。

图 2-22 的例子比较简单，容易进行结合。实际操作时可能会遇到结合得不太紧密的情况，但也无须担心。我们的目的只是找到创意的突破口，供大家参考。

我们可以做什么

找到有力的突破口后，大家肯定迫不及待地要进行服务创意的头脑风暴。但是，先等一等。设计思考中，我们还有一个"设问"的环节，这是为了进一步降低思考难度。

具体来讲，就是把各个突破口改变为设问的形式（见图 2-23），如"为了达成 ××，我们可以尝试做什么""为了使看护师通过交流更便捷地掌握入住人身体状况的细微变化，我们可以尝试做什么"。

其实这个设问方法非常有名，很多设计咨询公司都在使用，它最为常见的名字是"我们可以尝试做什么"（How Might We Questions，HMW）。"我们""可以尝试""做什么"这三个部分背后都有各自的含义。

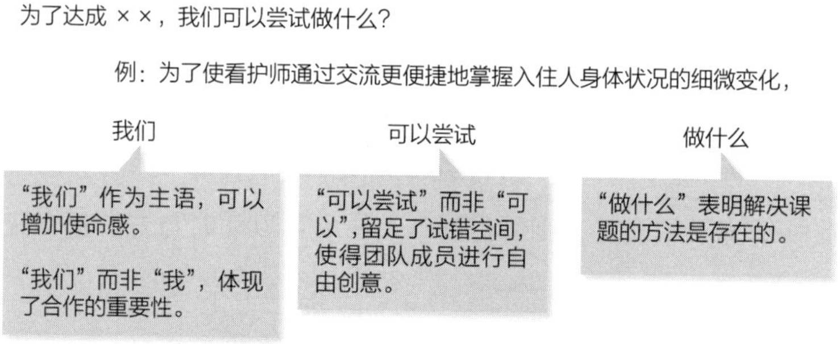

为了达成 ××，我们可以尝试做什么？

例：为了使看护师通过交流更便捷地掌握入住人身体状况的细微变化，

我们　　　　　　　可以尝试　　　　　　　做什么

"我们"作为主语，可以增加使命感。

"我们"而非"我"，体现了合作的重要性。

"可以尝试"而非"可以"，留足了试错空间，使得团队成员进行自由创意。

"做什么"表明解决课题的方法是存在的。

图 2-23　设问环节，进一步降低思考难度

第一部分"我们"，是为了明确团队成员的主体位置，增强他们的使命感。另外，这里用的是"我们"，而不是"我"，也说明了合作的重要性。

第二部分"可以尝试"，则是为了留足试错空间，使得团队成员可

以自由创意。如果只用"可以"的话，团队成员就会顾忌太多现实性方面的问题，难以得到全新的灵感。

第三部分"做什么"，表明解决课题的方法是存在的。

通过这种设问法，我们可以容易地得到有效的创意。例如，针对"为了使看护师通过交流更便捷地掌握入住人身体状况的细微变化，我们可以尝试做什么"，很容易就能得出"记录每日看护师与入住者之间有关身体状况的对话""将每日入住者身体状况变化的记录可视化""根据入住者身体状况的变化，发现疾病先兆"等服务创意。这些创意都可以实际运用到看护工作中。

接下来还可以进一步整合这些创意，使其升华。上面的创意可以结合为"记录身体状况→数据可视化→预测→预防"的系列服务。通过这个系列服务的具体开展，看护师与入住者互相交流、共同配合，很容易培养出相互信任的关系。

其实，整理突破口、进行设问的优势不仅仅体现在构思阶段，它在后续的试制、试行阶段中也大有作用。在后续阶段中，我们需要获取用户的反馈并依据这些反馈进行调整，但从什么地方着手进行调整是个大问题。这个时候，回溯之前的设问问题就可以起到关键性的帮助作用。

例如，试行结果显示课题的突破口不符合用户的需求。这时我们就可以回过头检查之前的设问问题，查找是哪个突破口出了问题。从这个角度来说，突破口的头脑风暴可以大幅提升整个设计流程的效率。

2. 技巧 2

请用户判断创意的好坏

突破口的头脑风暴起到了很好的效果，秋山等人得出了多个设问问题。以这些设问问题为基础，团队成员提出了充足的服务创意。项目组整合了这些创意，将其表现为画面形式，制作了"服务概念"。然后从"服务概念"中选取了感兴趣的部分，形成了"服务选单"。选单中有"a.关系构建支持""b.状态把握支持"等四个主要内容。

"之前还担心创意不够，没想到实际一操作，就得到了这么丰富的服务选单！"

别所极其兴奋地说。秋山也点点头表示同意。却没想到，千叶的一句话，再次令大家陷入困惑之中。

"服务选单确实很丰富，你们打算从哪里入手呢？"

"哪个都挺好的……"

"难道要四个同时进行么……"

听着大家的谈话，别所脸上的光芒渐渐消失了。

秋山立刻向大家询问意见："四个同时进行的话，恐怕我们的人手不够。还是先排个顺序吧！"

大家都一言不发。说起来，"服务选单"本来汇集的就是大家最感兴趣的内容，手心手背都是肉，哪个都舍不得放到后面。结果，直到会议结束，也没能得出结论。

"服务选单"制作完成后，就到了试制阶段。这个时候最容易遇到的问题就是不知道从哪个创意入手开始制作（见图 2-24）。从某种意义上说，这是个幸福的烦恼，但如果迟迟无法推进的话，就演变成障碍了。

　　团队成员根据团队理想、实地考察和深入采访的结果，深思熟虑、不断雕琢才得到了服务选单。其中的每个服务创意都是大家的心血，不分先后。可是，人手、精力等各方面的限制使得项目组必须做出决断。

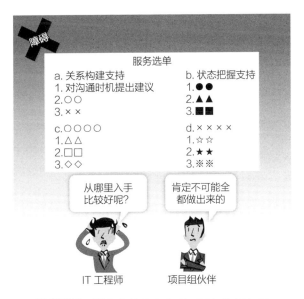

图 2-24　服务选单内容丰富，不知从何入手

　　这种情况下，最为有效的办法是请用户判断创意好坏。带上创意，去问问用户有什么反馈吧。这个阶段接触的用户，和共感阶段采访的用户一致即可。如果难以实现这一点，找其他用户也没有关系，但此阶段接触的用户的特征最好能与人物像特征较为贴近。

　　很多设计思考的书中只会提到共感、试行两个阶段与用户的交流。但实际上，只要遇到了团队成员主观上难以抉择的问题，就可以去寻求用户的意见与建议。

再次进行采访的时候，首先要传达感谢的心情，表示上次采访推动了项目的进展。然后向用户说明项目组确定的课题，因为用户很可能没有意识到这些问题的存在。接下来，详细介绍服务创意提供的价值。以"a. 关系构建支持"为例，它提供的价值为"增加看护师与入住者的日常交流，增进双方的信任关系，使得入住者能够随时反映自己的身体状况变化"。在此基础上，进一步介绍每个服务创意的操作方法。例如"1. 对沟通时机提出建议"，它的具体操作方法是"检测入住者的状态，在适合沟通时进行提醒"。

但仅靠口头描述，恐怕难以表达出创意的整体特点。可以综合所有的服务创意，制成服务概念的印象图，边展示边进行说明（见图 2-25）。有了视觉刺激，就容易解释多了。

需要注意的是，不要添加太过细致的说明。如果采用"入住者在手腕上佩戴设备，有空闲交流的时候就摇一摇……"类似的说明，那么用户就容易把关注的重点放在技术层面上，而忽略了服务本身的意义。得到的反馈自然也不是我们想要的内容了。为了避免这种情况的发生，一定要强调服务创意本身以及期待实现的价值，而不是其他细枝末节。

采访结束后，根据用户的反馈确定其对各个服务创意的需求大小，并进行排序，确定入手的方向。

总 结

1）进行头脑风暴，找到解决问题的突破口。

2）遇到团队成员难以抉择的问题时，随时向用户求助。

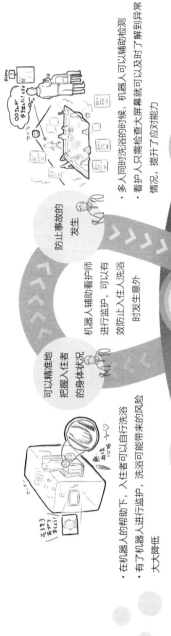

图 2-25　活用简笔画，有效传递创意价值

创意整合后的成品"服务概念"，可以有效呈现全面内容

引自："平成 29 年看护机器人需求供给协调委员会下属事业部"（日本厚生劳动省）

2.5　试制、试行阶段的技巧

简笔画无法自主绘制的时候,依靠剪切、粘贴即可;将"完善方法"这几个字摆在眼前, 以督促学习与进步

试制阶段的任务是根据构思阶段的服务创意试制原型。之后的试行阶段则是利用原型进行服务创意的检验与完善。本节将介绍这两个阶段中容易出现的障碍及克服这些障碍需要的技巧。

1. 技巧 1

剪贴现有成品

A 公司 IT 部门的秋山和事业策划部门的别所等人组成了项目小组,旨在开发一个运用 IT 技术的新服务,目标群体是看护师。他们采用设计思考的方法推进项目,已经得出了新的服务创意。

为了检验这个服务创意,项目组决定采用制作故事板的方式将其具象化。故事板的形式和 4 格漫画差不多,利用插图及说明文字表现服务体验。有了故事板，就可以更加便捷地向用户与相关人士说明服务体验与课题背景。

很快，秋山、秋山的领导千叶，以及别所等人全都到齐了。秋山给大家分发了画笔和专用纸，说道：

"大家先分头画故事板吧，也方便再确认一下咱们对服务创意的认识是不是一致。"

大家表示同意，但却迟迟没开始画……

千叶自言自语道："要先把看护师和入住者画出来吧。"

秋山连忙提议："千叶课长，还是边画边想吧。之前构思阶段做创意素描的时候，不是说下笔最重要么。"

"哦对，比起在这儿干想，还是动手最重要啊。大概是这样的感觉么？"千叶动手画了起来。

秋山露出了迷茫的表情，他完全看不出千叶想要表现什么内容。

千叶好像自己也察觉到了，小声说道："完全抓不到那个感觉啊。"

秋山也拿起笔来想要尝试一下，但不出所料，完全不行。

正如千叶所说，想要画出具体的场景与气氛，没有一定的绘画基础根本不行。

这样看来，用画作为辅助参考的想法算是泡汤了。秋山盯着笔尖一言不发。

试制阶段对画图的需求大幅增加。比如，故事板就是通过画面表示体验的方法，描述具体的服务细节时也需要简笔画的辅助。可是如果画不出理想的效果（见图 2-26），就无法传递想要表达的内容。而把重点放到完善简笔画上，又会耗费太多不必要的时间。

127

图 2-26　无法自主绘制服务创意中的简笔画

　　经费充足的话，可以考虑请专业的插画师帮忙。可是预算不足或者想要自己动手的时候，就必须得想别的方法了。

　　这里给大家介绍的是剪贴现有成品。既然自己画不出来，不如就利用现有的素材。

　　具体的方法就是图像拼贴（Image Collage，见图 2-27）。Collage 源于法语，它的原意是粘贴，指的是利用报纸碎片、布头儿等素材拼贴成画的艺术。而图像拼贴是拼贴的一种，它利用的素材主要是人物照片、插图、艺术字等。

大量图片可激发出新的创意

　　除了解决了画图难的问题外，图像拼贴还有两个优点（见图 2-28）：一是激发新的灵感，二是推动讨论顺利进行。

　　能激发出新的灵感，是因为图像拼贴的制作过程中会接触到很多与主题相关的照片与插图。团队成员可以利用这些照片与插图，构造出单凭想象难以企及的具体画面，找到更为简洁的说明方法。

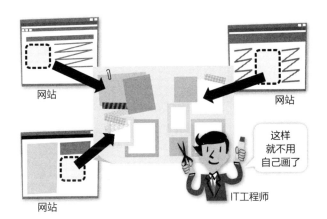

图 2-27　图像拼贴

图 2-28　图像拼贴的主要优点

　　而能推动讨论顺利进行，则是因为它可以通过直接展示画面，避开难以用语言表达的内容。例如，"困惑的表情"在不同的场景下有不同的展现方法。想要将这些微妙的差别传达给团队成员，用语言是基本行不通的。而通过图像拼贴给大家直接展示以区别的话，就容易得多了。

制作图像拼贴需要收集大量图片，网络的存在则大大简化了这个过程。但必须要注意，在商用行为中一定要留心著作权问题。

图像拼贴的简单流程：

第一步，收集与创意相关的图片。这一步保证数量即可，不必严格筛选内容，只要相关即可。前面我们提到过，图片越多越有利于激发新灵感。

第二步，精简图片。选择符合需要的图片进行拼贴，场景描绘就完成了。

画图时遇到困难的话，请大家一定要尝试一下图像拼贴。

2. 技巧 2

将"完善方法"这几个字摆在眼前

秋山项目组完成了故事板。服务创意得到具象化，说明起来就容易很多。且外观也很不错。秋山一脸自信地跟别所说："这个样品肯定能把服务创意切实传达给用户。"

别所点点头："咱们出发吧。"

于是两人立刻出发拜访看护师。

见到看护师，秋山草草打了个招呼，就拿出故事板开始介绍了。从项目组在看护设施发现的问题，到提出的解决方法，说得一腔热血、滔滔不绝。

不过渐渐地，秋山感到了一丝尴尬。看护师的脸上既没有喜悦也没有惊讶，一直淡淡的。但秋山想先介绍完再说，就直接讲到了最后："我们希望通过这个服务体验，为看护师群体带来帮助。"

秋山话毕,一直没什么表情的用户小心翼翼地开口了:"嗯嗯,真是个非常新颖的观点。但说实话,我感觉没太大必要。而且操作起来好像也挺麻烦的。我觉得现在虽然有点儿不方便,但大体上没什么问题。"

听到这样否定性的反馈,秋山和别所都不知道该说些什么。因为之前的每一步都是紧密贴合用户的需求进行的,所以他们本以为会很顺利。但是,用户的反馈明显是否定性的。

"我还以为肯定能得到用户的共鸣呢。看来没想象的那么简单。"

回公司的路上,别所小声说道。秋山也跟着叹了口气,说:"是啊,费尽心血做出的东西被否定了,感觉就好像自己也被否定了一样。"

两个人十分沮丧。

全部服务创意都是基于目标用户的需求制定的,因此秋山和别所向用户说明故事板的内容时,从来没想过会受到质疑。以至于他们得到否定反馈之后,立刻就失去了动力(见图 2-29)。

图 2-29 面对否定失去动力

这个障碍产生的原因，是项目组对工作成果太过自信，认为一定能够得到肯定的反馈。秋山的一句"费劲心血做出的东西"，就能充分看出他们对这份成果抱有的期待过高。试制与试行，说到底不过是检验创意，并根据反馈结果进行完善。但大家的想法却不知不觉变成了，我们倾注了无数心血的东西理应得到认同。否定性的反馈本应该成为接下来进行改进的依据，是好事儿，现在却成了摧毁动力的魔鬼。

从否定性反馈中学习、进步与提高。确实，这个道理大家都懂，但实现起来却很困难。自己倾注了爱意与心血得出的服务创意，肯定都想得到好的评价。正因如此，我们必须想个办法，让自己意识到否定性反馈是带来进步的好事。这里推荐"将'完善方法'这几个字摆在眼前"。

向用户获取反馈之前，先做一个检验表格。这个表格主要用于反映两项重要内容：一是检验要点，它表示用户对试制的服务、体验有多少共感度；二是用户的具体反馈。表格由五个项目构成，分别为"检验要点""问题示例""用户回答""原因"及"完善方法"（见图2-30）。

用这个检验表格对用户进行采访时，每次确认问题都能看到"完善方法"这几个字。也就能够有效提醒项目组成员，现在的工作是为了更好的进步，以此减弱想要获得认可的意识，积极地接受否定意见。

添加用户回答、原因及完善方法

制作检验表格非常容易。我们在试行中介绍了采访的要点和问题示例（见表1-1），只要在它的基础上略微修改即可形成检验表格的检验

图 2-30　准备检验表格

检验要点	问题示例	用户回答	原因	完善方法
a.理想	您对"我们的团队理想"有哪些共鸣呢	非常有同感。看护师之间、看护师与入住者之间的协作配合都非常重要	每位看护师的经验都有区别，只有互相配合才能掌握最实际的情况，得到入住者协调合作的话，就能够为每个人定制更加个性化的服务	无
b.需求	您对我们确定的真正的问题及团队课题有哪些共鸣呢 您认为最重要的问题是什么？您觉得它包含于我们的课题之中么？您觉得有其他需要解决的问题吗			
……	……			

明确标出采访要点

询问用户深层原因，进行记录

采访前填写

采访时填写

采访后填写

要点与问题示例，再添加上用户回答、原因、完善方法就是完整的检验表格了。

检验表格使用起来也很方便。原因栏中填入的是用户感受到的深层原因，它在后续修改服务创意时可以起到重要作用，可用于判断修改后的服务创意是否符合用户的要求。将其标注在表格上，还可以防止遗漏。而我们根据用户的反馈做出的修改，则可以在采访结束后填入完善方法一栏中。

采访时随手将内容记录到便签上，可以有效简化后续的完善进程。我们在试行中提到过，完善创意的 4 个步骤（整理、分类反馈意见，制订完善方针，提取符合方针的反馈意见，制订具体的完善策略）都需要填写便签。如果提前完成了便签的填写，就可以直接拿来使用了。

最后还要强调一次，不要对自己的服务创意和试制原型抱有过分的期待。"原型就是用来调整与改进的"，这才是试制、试行阶段应该抱有的最好的心态。

3. 技巧 3

从体验、技术、商业的角度分别进行检验

秋山等人再次振作起来，重复进行试制与试行，不断打磨服务创意。他们的下一步计划是制作高质量模型，让目标用户进行更加具体的体验，以获得其最终反馈。

"服务的完成度已经很高了"，千叶感慨道。

"是啊，终于看到了曙光，工作动力也越来越强了。"秋山回答说。

"真想快点投入生产使用啊。大概还需要重复多少次试制和试行呢？"

"多少次……"

"对啊，虽说不断完善服务很重要，但总不能一直这么下去吧。"

面对千叶的问题，秋山再次沉默了。确实，只要进行创意检验，就一定能收获相应的反馈。根据这些反馈进行修正，创意与原型就能更加完善。可是，究竟要完善到什么程度，才能正式推出服务呢？

无限循环完善的步骤，那服务就永远无法造福用户；但是，着急、慌乱地推出服务，恐怕又不能得到用户的认可。秋山陷入了沉思当中。

秋山等人已经进行了很多次试制与试行的过程，服务已经日趋完善。可是他们却不知道停止试制、试行的最佳时机，因此感到十分烦恼（见图 2-31）。这个问题产生的原因是，项目组把心思都放在了试制与试行上，忘记了最终目的是什么。最终目的是制作出符合用户需要的服务，使其面世。也就是说，创意得到用户的认可后，即可商业化。

图 2-31　进入了试制、试行的无限循环

这里我们需要从体验、技术、商业的角度分别进行检验，将最终目标——"制作出符合用户需要的服务，使其面世"按以上三个角度分解，设定每个角度上的衡量标准，进行检验（见图 2-32）。

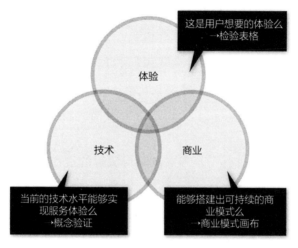

图 2-32 **是否满足体验、技术、商业方面的要求**

利用检验表格确认体验

检验体验，其实就是确认服务体验是否满足用户的需求。如果体验方面出了问题，那么就没有商业化的必要了。这一步可以使用检验表格来进行。

我们来确认表格中的内容：体验有没有得到用户的共鸣；服务终端是否便捷、易获得；当服务出现故障时，是否有及时的应对措施；等等。全部内容都满足要求的话，就是合格的服务体验了。

确认技术

接下来是技术，也就是确认是否可以利用现有技术实现体验。特

别是用到新技术时，要格外注意它是否能够承受住商用服务的规模。IT
工程师应该很熟悉概念验证（Proof of Concept，PoC），利用它进行操作
就可以。

通过设计思考提出的服务，目标用户往往是服务提供组织以外的群
体。从这个意义上来说，与普通的内部系统相比，它需要更强的支撑能
力，以便为更多用户提供服务。

内部系统的用户数基本是确定的，可以配合用户数搭载相应的资源。
但目标用户一旦变成公司以外的群体，用户数就很难预测了。如果服务
受到好评，很短时间内就会涌入大量用户。因此必须事前确认好系统是
否可以同时容纳大规模用户，以及是否可以应对短时间内的用户激增。
常见的方法是利用云监控进行性能验证，因为它可以追踪用户规模，测
定服务系统可用性与响应时间。

确认商业

最后是商业，检验是否可以搭建可持续的商业模式。具体可以利用
在试行阶段中提到的商业模式画布及检验的五个要点。

五个要点分别是"是否具有难以复制的独创性""进行关键业务所需
的重要伙伴、核心资源是否充足""价值主张是否与用户需要相契合""渠
道通路是否与目标用户相匹配""收支是否均衡"。通过确认这五个要点，
就能够看出几个要点间是否存在矛盾、服务是否可以顺利进行、商业模
式是否可以持续了。

体验、技术、商业三个方面都满足，就代表服务已经可以满足用户
的需要、技术上也有保证、商业模式上也可以平稳运行。这时就是推出
服务的最佳时机。而且，我们可以从服务选单中已完成的服务开始，分

阶段地推出服务，不必让所有服务一次完成。这是保证项目顺利进行的好方法。从细微处入手，再逐渐扩大规模才是最好的选择。

总 结

1）试制阶段中无法绘制简笔画的时候，可以利用图像拼贴剪贴现有素材。

2）将"完善方法"这几个字摆在眼前，学会从否定性反馈中获得提高。

3）从体验、技术、商业三个角度检验，确定是否达成了最终目的。

2.6　持续创造的技巧

从经验中学习与成长，带动公司同事共同前行

至此，设计思考所有阶段中容易出现的障碍以及解决这些障碍的技巧都已说明完毕。希望大家能够活用这些技巧，顺利打造出新的服务与体验。

但是，一次成功远远不够。我们还要再接再厉，为今后打造更多更新的服务与体验夯实基础。因此本节的主要内容是持续创造的技巧。

1. 技巧 1

总结遇到的障碍

秋山项目组结项了。虽然中间遇到了很多障碍，但他们都一一克服，终于打造出了全新的服务和体验，使看护设施入住者和看护师间的交流更加顺畅与便利。

这项服务新颖、实用，获得了用户的一致好评，也成为公司新服务

开发的优秀案例。因此，秋山获得了向全体同事介绍项目的机会。

"……就这样，虽然遇到了很多困难，但我们团结一心，采用设计思考的方法解决了问题。终于获得了成功。"

介绍完毕回到 IT 部门座位区时，千叶欣慰地对他说：

"看来这回能拿个董事长特别奖喽。"

项目组成员都很高兴。秋山更是十分自豪。

介绍会已经过去了几周。有一天，别所闷闷不乐地来找秋山了。

"怎么了，这是？"

"听到了风言风语呗。八成是有人嫉妒咱们。"

别所开始发牢骚。

"说什么'我也读了设计思考书，全是些不着边儿的内容，完全没用啊''那个项目能成功还不是因为运气好'之类的。"

"这样啊……"

秋山颔首沉思。这个项目积攒了很多经验与技巧，只不过目前只有项目组成员才知道具体细节，没有在公司范围内公开。但这样下去的话，怕是难以推广设计思考了，要怎么办才好呢？

秋山第一次将设计思考运用到项目开发中，从中获取了很多经验，但这些经验没能分享给其他同事（见图 2-33）。也就是说，公司其他项目组之后进行开发时，还是会遇到相同的障碍。因此，总结经验、共享经验变成了一个很重要的课题。

图 2-33　公司同事理解不了设计思考

写出每个阶段的"KPT"

这里采取的方法是"总结遇到的障碍"。总结项目中遇到的障碍与对应的解决方案，并进行梳理，制成方法集，再分享给公司的同事们。这样的话，大家都能够获得相应的知识储备，之后的项目中采用设计思考时，也可以作为参考。

方法集（见图 2-34）以表格形式，将设计思考所有阶段涉及的任务、方法等进行总结，简洁、明了、便于参考。其中的内容是本书的讲解与说明部分。实际制作方法集的时候，可以根据实际情况，添加具体内容。

制作方法集的技巧就是用"成功经验、待解决问题、改进方法"（Keep、Problem、Try，KPT）三点概括经验。从这三个方面回顾项目，切实记录遇到的难点、障碍以及解决策略等。当新项目中遇到同样的情况时，就能够参考并迅速对应了。

推荐项目组成员一起开工作坊，合作完成方法集，这样可以大大缩短所需时间。准备一张大的道林纸，横轴标注"阶段性任务""方法""经验"，纵轴标注设计思考的各个阶段，制成类似矩阵的图表。

| | | | | | 记录设计思考每个阶段的任务及操作方法 | | 总结经验，记录成功经验、待解决问题、改进方法 | |

阶段	阶段概要	任务	任务概要	方法	成功经验	待解决问题	改进方法
赋予意义（Value）	重新审视、确认所属组织的使命感与价值观	确认提供的价值	全体成员共同回顾公司或所属组织以往进行的工作，以此确认公司或所属组织的使命以及一直以来为用户提供的价值	"为什么做"工作坊	回顾时不仅要看到成果，还要看到不足之处	会议气氛沉闷，难以说出真正的想法	选择互相信赖的伙伴开始项目；掌握人事权，选择对这个项目有兴趣的人进项目组
		探讨理想	分析今后想要为社会带来的影响，并汇总为具体的理想	"为什么做"工作坊 "发现新的自己"工作坊	"发现新的自己"工作坊中，要重视从团队伙伴那里得到的评价与反馈	不知道自己想要实现的目标	制作个人简史，回顾以往的工作，发现新的自己，找到今后的目标
		共有理想	确定并共有理想	同上	团队理想要涵盖每个人的想法	项目组成员的目标完全不同	找出不同中的相同之处
共感（Empathy）	了解用户环境中发生的各种事件，实现共感	确定考察地点	……	……	……	……	……

图 2-34 设计思考的活用方法集示例

在便签上写好项目的各阶段任务及方法，按时间顺序贴到道林纸上（见图 2-35）；再将各阶段涉及的成功经验、待解决问题、改进方法也填写到便签上。

这三点都是成员各自的体验，需要进行商讨后再张贴。每个阶段都要重复以上的过程。工作坊结束后，道林纸上贴的便签自然就是方法集的内容了。

工作坊能否顺利进行，关键在于待解决问题。与成功经验、改进方法相比，待解决问题的内容偏否定，难免会破坏气氛。同时很多人也会因为这个原因，选择闭口不谈待解决问题。

想要避免这种情况，就要精心准备工作坊的环境。可以准备一些饮料、甜点，再放一些轻柔的音乐，总之要尽量贴近咖啡厅那种轻松的气

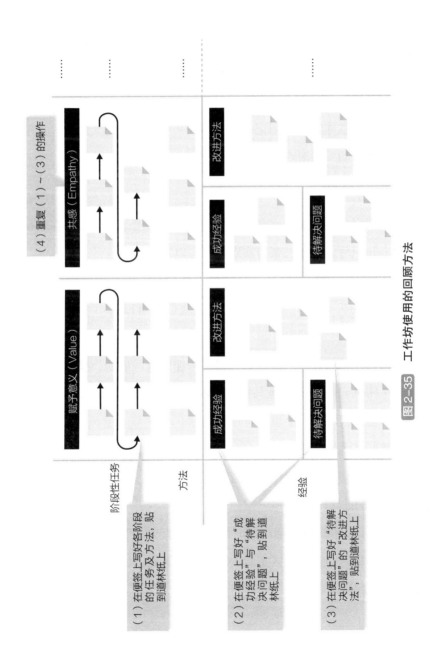

图 2-35　工作坊使用的回顾方法

（1）在便签上写好各阶段的任务及方法，贴到道林纸上

（2）在便签上写好"成功经验"与"待解决问题"，贴到道林纸上

（3）在便签上写好"待解决问题"的"改进方法"，贴到道林纸上

阶段性任务

方法

经验

赋予意义（Value）

改进方法

成功经验

待解决问题

（4）重复（1）～（3）的操作

共感（Empathy）

改进方法

成功经验

待解决问题

氛。这样，大家就没有那么多顾虑了。

另外，如果有明确的经验分享对象，可以直接邀请他们来旁听工作坊。这样就相当于他们模拟体验了项目流程，要比只看方法集的收获多，也更容易理解。

为了保证整体氛围，切记一定不能大张旗鼓地邀请太多人。让项目组成员分头行动，点对点通知到位即可。

参加社区活动，进行实践

方法集完成后，就可以拿给公司内部同事参考了。而大家在掌握了这些基本知识后，最好去亲身实践一下，以加深理解。

有人会说："说起来轻巧，公司最近都没有开发新服务的计划啊。"其实，实践的机会并不局限在公司里，我们也可以去参加公开的社区活动。

用门户网站和社交网络搜索自己感兴趣的社区活动，报名参加吧！黑客松（Hackathon）和创意马拉松（Idea Marathon）自然最好，IT 技术交流会和地区问题研讨会也完全没有问题。

虽然好多活动看起来和设计思考完全没有关系，但实际上却能够活用到很多方法集中的知识。例如，做活动运营的工作，就能够知道该如何去推进研讨会的进行。

总体来说，参加各类活动的时候，要为自己找到一个有价值的方向。这样，方法集的知识与社区实践的经验就能够在以后开发新项目时起到帮助作用。

2. 技巧 2

活动常规化

项目结束后，秋山等人还是会定期聚到一起，共同学习设计思考。慢慢地，也有其他同事加入进来，大家都摩拳擦掌等待着新项目的指令。

但是，好几个月过去了，完全没有动静。而秋山这边也有别的重要工作需要处理。

"秋山，这个任务得麻烦你一起帮忙"，千叶直接来向秋山求援了。原来是主干系统的维护重组进程大幅延迟，只能临时拜托秋山帮忙，还让他当了第二负责人。

秋山一下子变得十分忙碌。他虽然有心带着大家继续学习，却实在腾不出时间去准备。

秋山很着急：公司要保证业界地位，就必须不断地推出新服务。可大家最近对设计思考的热情仿佛越来越低了，这样下去怕是……

说起来很可惜，很多公司在项目结束后就不再组织活动去设计新服务与新体验了。之所以会这样，是因为临时活动很难维持住热度，想改变这种局面就只能将其常规化（见图 2-36）。

三个制度推动持续创造

将活动常规化不是件容易的事情，不能靠等，而是要主动向领导提出建议，尽可能地确定全新的制度。有了制度的保障，定期进行常规化活动就变得容易多了。

叫上最开始的项目组伙伴一起去表明想法吧。虽说建议不一定会被采纳，但尝试过才能不后悔。

图 2-36　设计思考的热度很快消退

另外，全新的制度也并非从零开始，以下三种确定制度的方式可供参考：一是面向全体员工公开征集新项目提案；二是设立相关部门，由专业人才进行新服务的规划；三是设立后援部门，为新服务开发者提供相应的便利（见图 2-37）。它们有着各自的特点：

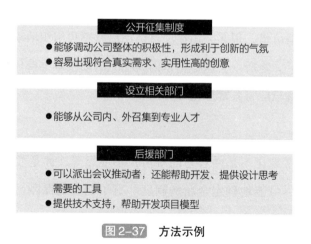

图 2-37　方法示例

公开征集的优势是能够调动公司整体的积极性，形成利于创新的气氛。而且很容易出现符合真实需求、实用性高的创意。但同时，每位员工都要以自己的日常工作为先，因此提案的质量难以保证。

设立相关部门则能够从公司内外召集到专业人才。这样，整体效率能够得到巨大提升，得出的创意也往往易于操作与实现。但它不容易同现有的业务部门建立联系，因此创意可能不太符合用户的需求。

后援部门则是由熟悉设计思考和 IT 知识的员工组成，他们可以提供这两个方面的帮助。从设计思考方面来说，后援部门可以派出会议推动者，还可以帮助开发、提供设计思考需要的工具等。从 IT 方面来说，后援部门可以提供 AI、IoT 等最新技术的信息，还能够提供敏捷开发等技术支持。与公开征集和设立相关部门不同，后援部门不能直接促进创意的产生，但它可以用于完善创意雏形，且十分有效。

要充分掌握它们的特点，选择符合公司实际情况的制度。其实通过回顾以往的工作，分析出可以继续发扬及需要改进的地方，就自然能够得出结论了。公开征集制度提案模板（见表 2-1），大家一定要积极尝试。

表 2-1　公开征集制度提案的示例

项目	内容
背景和目的	市场的精简化、成熟化进程及竞争企业的加入使得经营环境日益严峻。为了脱颖而出，企业需要不断创造新的服务和体验 本提案的目的是调动企业整体的积极性，让大家利用设计思考的方法创造出更多的新服务
制度概要	制订新服务创意的公开征集制度，对象为公司全体员工 由项目企划管理部门负责后续的商务化进程

（续）

项目	内容
各部门的配合工作	IT 部门新增服务设计支援中心，负责推进创意的辅助工作 服务设计支援中心具有以下职能： 1）服务设计方面：派出会议推动者，帮助开发、提供设计思考需要的工具，设计思考相关知识的普及和培训 2）技术方面：提供 AI、IoT 等最新技术的信息，协助概念验证的计划与实施（包含敏捷开发、原型制作等） 可根据需要，随时扩大服务设计支援中心的规模。必要时，还可以开展相关人才的招聘工作，或者向咨询公司求助
预算	新项目推进工作预算：×× 万元（计划每年采用创意 ×× 件） 服务设计支援中心运营预算：×× 万元

创意管理的方法

除了推动创意的持续创造，我们还要注重创意管理。这里推荐的是 "关卡法"（phase-gate）：将创意项目的整个流程分为几个阶段，为每个阶段设置目标；而能否达成目标，就是衡量是否可以进行下一阶段的标准。

应用关卡法进行创意项目流程管理的示例如图 2-38 所示，它由三个阶段构成：①构想阶段，运用设计思考完成服务创意；②实证阶段，邀请用户一同体验，对服务的商业性进行全面评价；③商业化阶段，将服务投入使用。构想与实证、实证与商业化阶段的关卡分别是实证尝试投资和商业化投资。

项目能否进入下一阶段，要依据关卡进行判断。而关卡中设定的各项内容就是具体的判断标准。如果将通过关卡的难度设置得过高，那就只有中规中矩的创意才能顺利通过，很多新颖的好点子就浪费了。

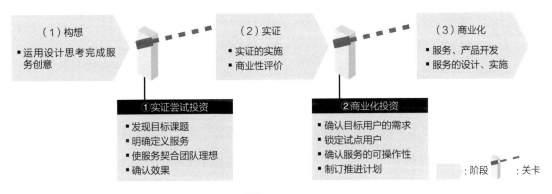

图 2-38　流程管理的示例

因此一定要控制好关卡的难易程度。

并且，创意项目的流程管理不是单方向进行的，可根据需求随时返回相应的阶段。要充分考虑商业环境与用户需求的变化，进行大胆的修改，一定不能执着于最开始的想法。

另外，商业化部分需要注意的是，尽量从小型服务开始，逐渐引入。很多企业倾向于将资金集中到某几个项目，以寻求爆发式的成功。但实际上，将资金平摊到尽量多的项目中，不急不躁地平行推进才是更加有效的方法。

向公司外的有识之士求助

不论是想要成立新部门以推进创意产出，还是提议新的流程管理方式，新提案的顺利通过与落实向来不是件简单的事情。

为了改善这个局面，可以尝试向公司外的有识之士求助。很多听不进下属意见的上司，反而会认真听取外人的意见。

例如，很多公司都会定期召开员工学习大会。可以利用这个时机，让负责部门请专业人员来讲解设计思考的优点，以引起公司领导层的重视。

同样，竞争对手的成功案例也很有效果。可以把互联网、报纸或杂志上的相关报道拿给上司看，说明它们是采用设计思考的方法才获得成功的。

而最为有效的则是，请公司的合作伙伴提出倡议或需求。可用的说法有"下次咱们两家一定要一起策划一个新服务"等。当然，如果是之前共同策划过的合作伙伴，则可以请他们表达希望继续的想法。有了公司外部的声援，提案一定更容易通过。

总之，要不怕困难，将想法付诸行动。这才是提高创新能力的最大秘诀。

总 结

1）在公司内部分享项目经验时，最有效的方法是总结遇到的障碍。

2）想将创造活动常规化，可以向领导提案——建立新制度或相关部门以推进新的服务创意。

后记

数字业务设计中心涉足设计思考是 2009 年的事情。当时，NTT 数据股份有限公司和野村综合研究所共同推进了一个项目，即"IT 与新社会设计论坛"。当时提到："IT 工程师应该与新事物的创造产生直接联系。IT 行业不应该局限于搭建指定功能的信息系统，而是要积极主动地结合自己的想法去提供全新的附加价值"（对项目内容感兴趣的伙伴可以参考日经商业出版公司出版的《IT 技术推动社会价值创新》）。现在想想，已经过去 9 年时间了。

这 9 年时间里，我们有幸参与了很多项目，也有幸见证了很多新服务的面世。在这个过程中，我们发现了一个问题——想要开始新的尝试，就必须以个人为中心思考问题。

如果项目主题和自己的愿望不符，那就永远不可能顺利完成。从这一点来说，它和以往的工作内容（业务改革、业务推进）都不一样：新创造确实是件很难的事情，它需要从个人的想法出发，去进行严密的思考还有积极的行动。因此我们认为，想要利用设计思考推进新项目，就必须改变原有的价值观，完成"个人 < 集体"到"个人 > 集体"的彻底转变。

出于这个想法，我们在设计思考的原有模型基础上，提出了新阶段——赋予意义。赋予意义阶段的工作是找到项目组的工作源动力，为之后的创造及各种活动建立"土壤"。这也是获得设计思考项目成功的有效"技巧"，在实际推进中，负责人一定要舍得花时间，仔细进行。

本书编写过程中格外注重实用性，是结合具体事例进行说明的。但是，设计思考说到底是思考方式，没有具体的操作手段，也没有相应的细节说明。因此就算学了设计思考的大概内容，也很难将其直接应用到实际项目中。我们要参考项目具体情况，结合多种方法进行设计，再进行不断的修正与完善，以达到项目的要求。

另外，设计思考的项目并不仅仅要提出创意，它的最终目标是要推出新的服务。除了创意的质量，团队整体的共识及每位成员的工作动力维持也是非常重要的。想要让新服务成功问世，就一定要格外注意。

项目设计不仅需要用到设计思考，还需要结合服务设计、组织开发、经营战略策划等知识。因此，作者编写本书时特意引用了实际案例，整理、总结了一些常用技巧，希望能够为大家推进项目提供有效的帮助。我们也希望大家通过参考本书，完成更多的设计思考项目。

数字业务设计中心在以往的项目中，得到了 NTT 数据股份有限公司的大力支持，特别是高级咨询师山下彻先生提供了很多宝贵意见。另外，能够同用户企业及合作企业的伙伴们一起挑战这些项目，我们感到十分荣幸与开心。在此一并表示谢意。

最后，十分感谢《日经 SYSTEMS》的编辑主管森重和春先生提供平台，让我们有机会回顾以往的项目并进行展示。还要特别感谢岛津忠承先生为本书提供编写方向并进行了细致的校对工作。

2018 年 7 月

NTT 数据股份有限公司经营研究所

数字业务设计中心

全体编写人员

作者介绍

■ 所属机构

NTT 数据股份有限公司经营研究所 数字业务设计中心

2012 年正式开始活动，目的是社会价值创新。以服务设计推进及服务设计管理的咨询业务为中心，同时开展设计思考的培训服务、创新设计的调查与研究以及方法开发等工作，为从事创新事业的个人及组织提供帮助。

■ 作者

三谷庆一郎　中心负责人、研究理事、执行顾问

博士（经营学），从事日本企业及政府机关的信息战略立案及系统企划。近年来着力推进数字业务相关调查及设计思考的咨询工作。日本信息社会学会理事、系统监察人协会副会长、武藏野大学客座教授。合著书目有《进击的 IT 战略》《IT 技术推动社会价值创新》等。

植田顺　高级经理

曾就职于制造业信息系统部门，后转为咨询顾问。帮助企业确定使命及理想、经营战略及信息系统战略。2011 年起开始为企业提供新业务、新服务的咨询工作。2013 年 12 月起任现职。

田岛瑞希　经理

大学毕业后进入 NTT 数据股份有限公司经营研究所从事市场调查，也为日本政府机关提供代理调查工作。现在的服务对象为日本国内大型企业，帮助其推出新业务、新服务（利用服务设计方法和组织开发方法），并解决随之而来的人事变动问题。

伊藤蓝子　高级顾问

服务对象为日本企业及政府机关，主要进行看护、零售业的设计调研，以发现商机并进行相应的服务设计。大学专业为人类科学[○]，毕业后从事网络营销及用户体验相关工作。后赴美国攻读设计学硕士，研究方向为设计战略及设计调研。

木田和海　高级顾问

大学专业为地理学，毕业后进入日本国内咨询公司工作。后来在公司从事地理信息系统（GIS）技术的新领域策划与实证工作。2017年起任现职，主要工作是帮助企业确定理想和服务设计，并负责人事变动的咨询工作。致力于研究将地理学与服务设计相结合的设计形式（Geo·Knowledge Design）。

佐佐木严　高级顾问

帮助日本企业、政府机关确定理想使命及信息系统战略，并为日本政府研究会提供运营支持。此外，还帮助日本国内大型企业推出新业务、

○ 研究与人广泛相关的诸事物现象的学科的总称。包含语言学、精神医学、人类学等科目。

新服务，并解决随之而来的人事变动问题。

益子惠　高级顾问

主要服务对象为日本企业，为其提供服务创造、确定理想相关的咨询。特别是在服务设计咨询方面有极丰富的经验，也为日本政府及大学研究会等提供相应的运营支持。曾就职于 IT 企业。

朝仓实纱　高级顾问

取得硕士学位后，进入 NTT 数据股份有限公司经营研究所工作。主要工作是帮助企业制订中长期经营计划、确定企业理想和使命。同时帮助日本国内大型企业推出新业务、新服务，并解决随之而来的人事变动问题。